EVA-MARIA DREYER

Basic

Heil — pflanzen

98
ARTEN
einfach
und sicher
erkennen

KOSMOS

Schnell zur richtigen Art mit dem **KOSMOS-FARBCODE**

DER KOSMOS-FARBCODE erleichtert das Bestimmen von Wildpflanzen, denn er arbeitet mit dem markantesten Merkmal der Pflanzen, ihrer Blütenfarbe. Zur Orientierung in diesem Buch werden die 5 Grundfarben, Weiß, Gelb, Rot, Blau und Grün/Braun verwendet. Aber Pflanzen halten sich nicht immer strikt an diese Einteilung. Je nach Alter und Bodenbeschaffenheit gibt es Zwischentöne wie Rosa, Lila oder Violett. Diese sind immer bei der Farbe einsortiert, der sie am nächsten stehen. So zeigen violette Blüten verschiedene Farbnuancen zwischen Rot und Blau. Sehen sie eher rotviolett aus, sind sie bei Rot einsortiert. Erscheinen sie eher blauviolett, findest du sie in der Hauptgruppe Blau. Bist du unschlüssig, schaust du einfach bei beiden Grundfarben nach.

Weiß oder ein Hauch von Farbe

SEITE 8 BIS 41

Weiße Blüten

In der Farbgruppe Weiß sind Blüten von Reinweiß bis Cremefarben enthalten. Daneben finden sich hier aber auch solche Arten, deren weiße Blüten eine andere Farbbeimischung haben: So fallen an den Blütenblättern des Wald-Sauerklee lilafarbene Adern und ein gelber Fleck am Grund auf.

→ Das Gänseblümchen und die Echte Kamille besitzen einen Kranz weißer Zungenblüten um die gelbe Mitte (Röhrenblüten). Und die Blüten der Schafgarbe sind gelegentlich rosa überhaucht.

KURZINFO
Der Farbbalken hilft dir bei der Navigation durch das Buch.

SEITE 44 BIS 69

Gelbe Blüten

Blasses bis kräftiges Gelb

Die Farbe Gelb als Blütenfarbe ist meist recht klar zuzuordnen. Sie reicht von Blassgelb bei der Hohen Schlüsselblume über Goldgelb beim Johanniskraut bis zu Orange bei der Ringelblume.
⟶ Zu Unsicherheiten kann es nur kommen, wenn Pflanzen einer Art in unterschiedlichen Farben blühen wie etwa die Kapuzinerkresse in Rot und Gelb. Oder der Beinwell, der meist rotviolett blüht, manchmal aber auch gelbliche Blüten bildet. Im Zweifelsfall solltest du dann beide Farbgruppen durchsehen.

Rot, aber auch Rosa, Pink und Braunrot

SEITE 72 BIS 97

Rote Blüten

Heilpflanzen, die eindeutig rot blühen, kommen bei uns nur selten vor.
⟶ Die Gruppe Rot umfasst deshalb auch die Farbtöne Rosa wie beim Arznei-Baldrian, Pink wie beim Blutweiderich und Braunrot, etwa beim Großen Wiesenknopf.
⟶ Es gibt auch Arten, die ihre Blütenfarbe von Rot nach Blau wechseln, etwa das Lungenkraut. Es blüht zunächst rötlich, entwickelt aber mit zunehmendem Alter blauviolette Blüten.

SEITE 100 BIS 111

Blaue Blüten

Die Farbgruppe Blau schließt eine breite Palette unterschiedlicher Farbnuancen von Blau ein. Hierher gehören das Hellblau der Wegwarte oder des Echten Ehrenpreis, das kräftige Blau der Kornblume, das Tintenblau des Echten Salbei und das Blauviolett der Veilchen.

⟶ Unter Blau sind aber auch Blüten in bläulichen Lilatönen einsortiert. Die Wilde Karde gehört hierher, aber auch der Echte Lavendel. Blüten im Übergangsbereich zu Rot, die stärkere Rotanteile aufweisen, sind dagegen bei Rot einsortiert.

SEITE 113 BIS 121

Grüne und braune Blüten

In unserer heimischen Natur gibt es auch – wenngleich selten – Pflanzen mit grünen oder unscheinbaren bräunlichen Blüten. Die bekannteste Art dieser Farbgruppe ist die Brennnessel.

⟶ Doch auch der Spitzwegerich mit seinen bräunlichen Blütenähren gehört hierher, ebenso der Beifuß mit den braungelben Blütenkörbchen, die ausschließlich aus Röhrenblüten bestehen.

FORM UND ANZAHL

Der Aufbau einer Blüte

Nachdem du in einem ersten Schritt die Art einer Farbgruppe zugeordnet hast, gilt es nun, die Blütenform festzulegen.
⟶ Es gibt 2 Formgruppen: Bei den meisten Blüten sind Kelch, Krone, Staubblätter und Fruchtknoten so angeordnet, dass sie wie etwa bei der Ringelblume mehrere Symmetrieachsen aufweisen. Solche Blüten nennt man radiärsymmetrisch.

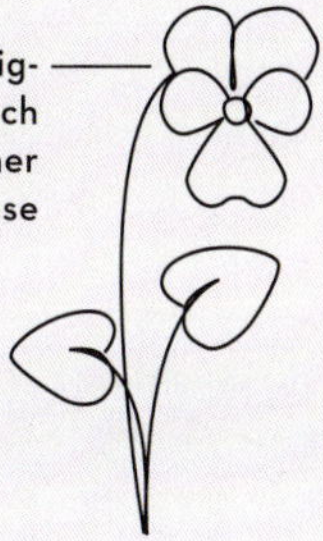

⟶ Durch Blüten wie etwa die der Weißen Taubnessel oder des Rosmarins hingegen kann man nur eine Symmetrieachse legen, die sie in 2 spiegelbildliche Hälften teilt. Solche Blüten nennt man zweiseitig-symmetrisch.

Als nächstes zählst du die Blütenblätter.
⟶ Radiärsymmetrische Blüten teilt man in 3 Untergruppen ein: bis zu 4 Blütenblätter, 5 Blütenblätter oder mehr als 5 Blütenblätter.
⟶ Dann blätterst du zu der Seite, ab der die Arten mit der entsprechenden Blütenfarbe, Blütenform und Anzahl an Blütenblättern vorgestellt werden.
⟶ Hast du deine Art gefunden, prüfst du, ob du richtig liegst. Dazu vergleichst du deine Pflanze mit dem Foto, den beschriebenen Merkmalen und dem Lebensraum, denn auch er ist ein wichtiges Bestimmungskriterium.

WEISS BLÜHENDE HEILPFLANZEN schneller bestimmen

Die Pflanze, die du bestimmen möchtest, hat eine weiße Blüte. Wie gehst du nun weiter vor?

↓

Zähle die Blütenblätter.

↓

Dann blätterst du zu der Seite, ab der die Arten mit der entsprechenden Anzahl von Blütenblättern vorgestellt werden.

AB SEITE 8

Bis 4 Blütenblätter

Weiß blühende Heilpflanzen mit 4 Blütenblättern gibt es gar nicht so viele.
⟶ Die bekannte Brunnenkesse gehört dazu, ebenso Meerrettich und Knoblauchsrauke. Deren reinweiße Blüten sitzen in Gruppen am Stängelende und sind maximal knapp 1 cm groß. Ihre Blütenblätter sind kreuzförmig angeordnet.

AB SEITE 12

5 Blütenblätter

Die große Gruppe der weiß blühenden Heilpflanzen mit 5 Blütenblättern umfasst viele Arten mit ausgebreiteten Blüten. Deshalb sind ihre Blütenblätter gut zählbar wie

etwa die der Walderdbeere oder des Waldsauerklees.
⟶ In dieser Gruppe findet sich aber auch eine Art, die dem flüchtigen Betrachter eine falsche Zahl ihrer Kronblätter vortäuscht. So sind die scheinbar 10 Blütenblätter der Vogelmiere tatsächlich 5 tief eingeschnittene.

AB SEITE 34

Mehr als 5 Blütenblätter

In dieser Kategorie sind nicht nur Heilpflanzen wie der Bärlauch aufgeführt, dessen Blüten sichtbar mehr als 5 Blütenblätter haben. Hierher gehören auch viele Arten aus der großen Pflanzenfamilie der Korbblütler, deren Blütenköpfe aus vielen Einzelblüten (Zungen- und Röhrenblüten) zusammengesetzt sind.
⟶ Das bekannteste Beispiel hierfür ist das Gänseblümchen. Aber auch die Schafgarbe, deren Blütenköpfe aus kurzen weißen Zungenblüten und cremefarbenen Röhrenblüten bestehen, gehört hierher.

AB SEITE 38

Zweiseitig-symmetrische Blüten

Als zweiseitig-symmetrisch bezeichnet man in der Botanik Blüten, die aus 2 spiegelbildlichen Hälften bestehen.
⟶ Dieser Blütentyp tritt v. a. in der Pflanzenfamilie der Lippenblütler auf. Alle im Buch in dieser Kategorie aufgeführten Arten gehören in diese Familie, die bekannte Weiße Taubnessel ebenso wie Andorn, Melisse oder Ufer-Wolfstrapp.

Ebenso lecker wie gesund: die auch im Winter grünen Blätter →

Brunnenkresse

Nasturtium officinale

Wuchshöhe 20–80 cm
Blütezeit Mai–Oktober
Lebensraum Wächst an Quellen, Bächen und Gräben.
Verwendbare Pflanzenteile Blätter und Triebe.
Ernte Von Oktober–Mai, bis die Pflanze zu blühen beginnt.
Wichtige Wirkstoffe Organische Schwefelverbindungen und reichlich Vitamin C, außerdem die Vitamine A, B1, B2 und E, viele Mineralstoffe, Bitterstoffe, Senföle und ätherische Öle.

→ **HEILWIRKUNGEN** **Die Pflanze wirkt blutreinigend, harntreibend und entgiftend. Sie regt die Verdauung an, stärkt das Immunsystem und wirkt wie ein natürliches Antibiotikum. Es gibt Hinweise auf eine krebshemmende Wirkung. Man sollte die Pflanze immer frisch essen, ihre Wirkstoffe gehen beim Trocknen oder Kochen verloren. Brunnenkresse kann bei empfindlichen Menschen Magenschleimhaut und Nieren reizen und sollte nicht täglich verwendet werden.**

Grundständige Blätter: bis zu 1 m lang →

Meerrettich

Armoracia rusticana

Wuchshöhe 60–120 cm
Blütezeit Mai–Juli
Lebensraum Wird seit alters gepflanzt und wächst verwildert an Weg- und Straßenrändern sowie auf Odflächen.
Verwendbare Pflanzenteile Wurzel, getrocknet oder frisch.
Ernte Die Erntezeit für die Hauptwurzel beginnt im Herbst und dauert bis März/April (in Monaten mit „r“).
Wichtige Wirkstoffe Senföle, Kalium, Kalzium, Eisen und Magnesium, sowie reichlich Vitamin C und B-Vitamine.

→ **HEILWIRKUNGEN** **Meerrettich gilt als das „Penicillin aus der Küche“. Seine Senföle bekämpfen Viren, Pilze und Bakterien. An den Atemwegen wirken sie schleimlösend, an den Harnwegen harntreibend. Bei Magenbeschwerden und Gastritis sollte man auf Meerrettich verzichten. Auch Kinder unter 4 Jahren sollten keinen Meerrettich bekommen.**

Ergeben mit Olivenöl ein würziges Salatöl: Blätter und Blüten →

Knoblauchsrauke

Alliaria petiolata

Wuchshöhe 20–100 cm
Blütezeit April–Juni
Lebensraum Halbschattige Wald- und Wegränder, Hecken.
Verwendbare Pflanzenteile Gesunde Senföle in allen Teilen.
Ernte Blätter, Blüten, Samen, Wurzeln, je nach Jahreszeit.
Wichtige Wirkstoffe Ätherische Öle, Senfölglycoside, Provitamin A und Vitamin C sowie verschiedene Mineralstoffe.

→ HEILWIRKUNGEN Früher war die Knoblauchsrauke ein anerkanntes Heilkraut. Man nahm sie als Wundauflage und als Gurgelmittel zur Stabilisierung von Zähnen und Zahnfleisch. Heute nutzt man in der Volksmedizin ihre harntreibende und blutreinigende Wirkung bei Frühjahrskuren. Verantwortlich für ihren scharfen Geschmack und die antibakterielle und pilzbekämpfende Wirkung sind die in ihr enthaltenen Senföle. Sie bekämpfen Harnwegs- und Magen-Darm-Infektionen.

Grundblätter: in einer Rosette und löwenzahnähnlich gelappt →

Hirtentäschel

Capsella bursa-pastoris

Wuchshöhe 5–50 cm
Blütezeit Februar–November
Lebensraum Weit verbreitetes Wildkraut, wächst auf fast allen brachliegenden Flächen sowie an Weg- und Feldrändern.
Verwendbare Pflanzenteile Ganze Pflanze.
Ernte Blätter und Blüten, am besten zwischen Mai und Juli.
Wichtige Wirkstoffe Aminosäuren, Flavonoide, Vitamin C und K, Kalium und Kalzium, Gerbstoffe, Senföle.

→ HEILWIRKUNGEN Eine seit Jahrhunderten geschätzte Heilwirkung des Hirtentäschels ist seine blutstillende Kraft. Heute ist diese Wirkung offiziell anerkannt: bei Nasenbluten, Zahnextraktionen, oberflächlichen blutenden Wunden und zu starker Menstruation. Bekannt ist auch seine ausgleichende Wirkung auf den Blutdruck. Angewendet wird in erster Linie der Aufguss, entweder als Tee zum Trinken oder für Umschläge.

Gierschblätter: ganz jung passen sie auch gut in einen Salat →

Giersch

Aegopodium podagraria

Wuchshöhe 50–90 cm
Blütezeit Juni–August
Lebensraum Wegränder, Wald- und Gebüschsäume, Gärten. Häufig.
Verwendbare Pflanzenteile Blätter, Wurzeln.
Ernte Blätter vom Frühling bis in den Herbst, Wurzeln. Vorsicht: Blühende Pflanzen können leicht mit hochgiftigen Doppelgängern wie Geflecktem Schierling oder Hundspetersilie verwechselt werden. Hier hilft ein genauer Blick auf die Blätter: Typisch für Gierschblätter sind ihr dreieckiger Blattstiel und ihre dreiteilig verzweigten Blätter.
Wichtige Wirkstoffe Kalium, Kalzium, Magnesium, Eisen, Mangan und andere Mineralstoffe, außerdem Vitamin C, Provitamin A, dazu verschiedene wertvolle sekundäre Pflanzenstoffe.

↑ Giersch-Ernte: Die Ausbeute trägt man in luftigen Körben nach Hause

↑ Gehören in jede entschlackende Frühjahrssuppe: die allerersten Gierschblättchen

HEILWIRKUNGEN Giersch gilt zurecht als heimisches Superfood, bringt er doch den gesamten Stoffwechsel auf Trab. Seine größte gesundheitliche Wirkung liegt in der Fähigkeit, Harnsäure aus dem Körper zu leiten. Volksmedizinisch setzt man einen Tee aus Blättern und Wurzeln wegen seiner harntreibenden und entsäuernden Wirkung bei Rheuma und Gichterkrankungen ein. Seine harntreibenden und entzündungshemmenden Eigenschaften machen ihn auch zu einem hilfreichen Mittel bei Blasenentzündungen. Im Mörser zerquetschte Blätter nutzt man für Umschläge bei kleineren Hautverletzungen, Verbrennungen und Insektenstichen.

GESUND MIT GIERSCH Ein frisch zubereiteter Saft aus Gierschblättern, Apfel, Birne, Zitrone und einem Stückchen Ingwer wirkt belebend und bringt neuen Schwung.

Kümmelsamen: dunkelbraun, sichelförmig, mit 5 hellen Rippen →

Wiesenkümmel · Kümmel

Carum carvi

Wuchshöhe 30–70 cm
Blütezeit Mai–Juli
Lebensraum Wiesen, Weiden, Wegränder.
Verwendbare Pflanzenteile Nur die Früchte des Kümmels sind von medizinischer Bedeutung.
Ernte Die Samen von August–September. Unbedingt Vorsicht vor Verwechslungen mit dem Gefleckten Schierling und der Hundspetersilie. Beide sind sehr giftig.
Wichtige Wirkstoffe Ätherische Öle, Flavonoide, Eiweiß, Gerbstoffe, Zucker, wenig Cumarine.

→ **HEILWIRKUNGEN** **Kümmel ist eines der besten pflanzlichen Mittel gegen Verdauungsbeschwerden. Ein Tee aus den Samen regt die Magensaftproduktion an und baut Völlegefühl ab. Die Volksmedizin setzt Kümmel auch zur Anregung der Milchbildung bei stillenden Frauen ein. Gegen Mundgeruch hilft es, Kümmelsamen zu kauen.**

Der giftige Gefleckte Schierling hat gefleckte Stängel, der Wiesenkerbel nicht →

Wiesenkerbel

Anthriscus sylvestris

Wuchshöhe 60–150 cm
Blütezeit Mai–Juli
Lebensraum Feuchte Wiesen, Weg- und Straßenränder.
Verwendbare Pflanzenteile Verwendet werden v. a. die Blätter, aber die Pflanze ist in allen Teilen essbar.
Ernte Ganzjährig. Vorsicht: Es gibt giftige Pflanzen mit ähnlichem Blütenstand und ähnlicher Blattform, z. B. Gefleckter Schierling, Heckenkälberkropf und Hundspetersilie.
Wichtige Wirkstoffe Ätherisches Öl, Bitterstoffe, reichlich Vitamin C und v. a. Kalium.

→ **HEILWIRKUNGEN** **Im Mittelalter war Wiesenkerbel als Heilpflanze hochgeschätzt. Heute wird die harn- und schweißtreibende Pflanze mit ihren verdauungsfördernden und blutreinigenden Eigenschaften volksmedizinisch zur Entgiftung eingesetzt. Ein Brei aus der frischen Pflanze lindert Hautentzündungen und Ekzeme.**

Wurzel: nach der Ernte waschen, in Scheiben schneiden und trocknen →

Meisterwurz

Peucedanum ostruthium

Wuchshöhe 50–120 cm
Blütezeit Juli–August
Lebensraum Feuchte Bergwiesen in den hohen Mittelgebirgen und Alpen über 1000 m Höhe. Selten.
Verwendbare Pflanzenteile Wurzel.
Ernte Die Wurzel im Frühjahr oder Herbst ausgraben.
Wichtige Wirkstoffe Ätherisches Öl, Bitterstoffe, Gerbstoffe.

→ HEILWIRKUNGEN „Ginseng der Alpen" oder „Kaiserwurz" wird die Meisterwurz oft genannt, denn sie meistert viele gesundheitliche Probleme. Neben Verdauungsbeschwerden hat sie sich v. a. bei Atemwegserkrankungen wie Bronchitis bewährt – als Tee oder zur Inhalation. Ein Tee aus getrockneten Wurzelstückchen stärkt das Immunsystem und hilft bei Schwächezuständen wieder auf die Beine. Heute wird diskutiert, ob man mit der Pflanze nicht sogar Alzheimer verlangsamen kann.

Blüte: 10–15 weiße Döldchen in einer großen Blütendolde →

Große Bibernelle

Pimpinella major

Wuchshöhe 40–100 cm
Blütezeit Juni–Oktober
Lebensraum Fettwiesen, Viehlagerplätze. Mag feuchtes Klima.
Verwendbare Pflanzenteile Arzneilich wird die frische oder getrocknete Wurzel verwendet. In gleicher Weise wird auch die Kleine Bibernelle (Pimpinella saxifraga) eingesetzt.
Ernte August–November. Vorsicht: Verwechslungsgefahr mit anderen, auch stark giftigen Doldenblütlern wie dem Gefleckten Schierling oder der Hundspetersilie.
Wichtige Wirkstoffe Ätherische Öle, Cumarine, ca. 1 % Saponine.

→ HEILWIRKUNGEN Bibernellwurzel wirkt schleimlösend und leicht entzündungshemmend. Man nimmt sie bei Katarrhen der oberen Atemwege sowie als Gurgelmittel bei Entzündungen im Mund- und Rachenraum. In der Volksmedizin wird sie bei Verdauungsstörungen und zur Anregung der Harnproduktion eingesetzt.

Schmecken intensiv nach Lakritze: die zarten, noch nicht ganz reifen Früchte →

Süßdolde

Myrrhis odorata

Wuchshöhe 50–120 cm
Blütezeit Mai–Juli
Lebensraum Aus Kultur verwildert, an Waldrändern und Heckensäumen, auf Brachland.
Verwendbare Pflanzenteile Blätter, Samen, Wurzel.
Ernte Blätter: Mai–August, Samen: Juli–August, jeweils am besten um die Mittagszeit. Vorsicht: Die Süßdolde ähnelt gefährlich giftigen Pflanzen wie der Hundspetersilie oder dem Gefleckten Schierling, riecht aber intensiv nach Anis.
Wichtige Wirkstoffe Ätherisches Öl, Flavonoide.

→ **HEILWIRKUNGEN Die Süßdolde wirkt appetitanregend, verdauungsfördernd und blutreinigend, auch schleimlösend soll sie sein. Früher wandte man sie deshalb bei Husten an. Tee, Tinktur oder das Kauen von Kraut, Samen oder Wurzelstückchen unterstützen die Zahnfleischpflege und helfen gegen Mundgeruch.**

Grundblätter: lang gestielt, tief handförmig geteilt, mit gezähnten Lappen →

Wald-Sanikel

Sanicula europaea

Wuchshöhe 30–50 cm
Blütezeit Mai–Juli
Lebensraum Laub- und Mischwälder, auch tiefschattige Wälder.
Verwendbare Pflanzenteile Blätter.
Ernte Die beste Zeit, die Blätter zu sammeln, ist der Mai.
Wichtige Wirkstoffe Ätherisches Öl, Gerb- und Bitterstoffe, Vitamin C und wundheilendes Allantoin.

→ HEILWIRKUNGEN **„Sanikel lässt das Fleisch im Topf wieder zusammenwachsen" ist in alten Kräuterbüchern zu lesen – so überzeugt waren unsere Vorfahren von der wundheilenden Kraft der Pflanze. Heute empfiehlt die Volksheilkunde einen konzentrierten Tee aus den bis zum Beginn der Blüte gesammelten Grundblättern für Umschläge oder Waschungen bei kleinen Hautverletzungen oder Ekzemen. Tee oder Tinktur werden auch zum Gurgeln bei Entzündungen im Mund- und Rachenraum verwendet.**

Wald-Engelwurz

Angelica sylvestris

Wuchshöhe 80–150 cm
Blütezeit Juli–September
Lebensraum Nasswiesen, Auwälder, Ufer.
Verwendbare Pflanzenteile Arzneilich am wirksamsten ist die Wurzel.
Ernte Wurzel (im Jahr vor der Blüte) von September bis Februar. Dann ist sie am gehaltvollsten. Nach der Ernte wird sie vorsichtig gewaschen, in Scheiben geschnitten und bei maximal 40 °C getrocknet. Aufbewahrt wird sie kühl, dunkel und aromageschützt.
Wichtige Wirkstoffe Ätherische Öle, Gerb- und Bitterstoffe, Harze, Furocumarine.

→ **HEILWIRKUNGEN** **„Brustwurz" wird die Pflanze auch genannt – ein Hinweis auf ihren Einsatz bei Atemwegserkrankungen.**

↑ Weil die Pflanze phototoxisch ist, sollte man beim Ernten Handschuhe tragen

↑ Die Wurzel wird klein geschnitten zu Tee, Wein, Essig, Öl und mehr verarbeitet

Bei Grippe und Fieber stärkt sie die Abwehrkräfte, sorgt für eine freie Nase und dämpft Husten. Aber sie kann noch mehr. Tee oder Tinktur helfen bei Magen-Darm-Beschwerden wie Völlegefühl und Blähungen. Die enthaltenen Bitterstoffe aktivieren Magen, Galle und Bauchspeicheldrüse, wirken krampflösend und bringen den Stoffwechsel auf Trab. Ein Bad in einem Sud aus Engelwurz tut gut bei Rheuma und Gicht. Wichtig: Während der Behandlung mit Engelwurzpräparaten sollte auf ausgiebige Sonnenbäder verzichtet werden. Die enthaltenen Furocumarine machen die Haut lichtempfindlich.

→ **GESUND MIT ENGELWURZ** Ein Engelwurzbad ist eine Wohltat bei rheumatischen Schmerzen. Dafür setzt man 100 g Wurzel der Engelwurz in 1 Liter kaltem Wasser auf, bringt das Ganze zum Sieden und lässt es etwa 15 Min. köcheln. Dann wird abgeseiht und die Flüssigkeit dem Badewasser zugegeben.

Vogelmiere: eine der wenigen Pflanzen, die auch im Winter zur Verfügung steht →

Vogelmiere

Stellaria media

Wuchshöhe 5–40 cm
Blütezeit Januar–Dezember
Lebensraum Wächst als dichter grüner Rasen an Wald- und Feldrändern, in Gärten und Parks. Sehr häufig.
Verwendbare Pflanzenteile Triebspitzen mitsamt den Blüten.
Ernte In milden Wintern ganzjährig, sonst März–November.
Wichtige Wirkstoffe Reich an Eisen, Kalium, Kalzium, Magnesium, enthält weiter die Vitamine A, C, B1, B2, B3, Schleimstoffe, Kieselsäure sowie Gammalinolensäure und Aucubin.

→ **HEILWIRKUNGEN Ihre vielseitigen Inhaltsstoffe machen die Vogelmiere in der Volksheilkunde beliebt, z. B. bei juckenden Ekzemen, Insektenstichen, kleinen Schürf- und Schnittwunden. Sie unterstützt die Wundheilung und lindert Schwellungen und Entzündungen. Außerdem besitzt sie eine reinigende Wirkung auf die Lymphe und fördert, als Saft oder Tee, die Entschlackung bei rheumatischen Beschwerden.**

Klappt bei Dämmerung und starkem Regen die Teilblättchen zusammen →

Wald-Sauerklee

Oxalis acetosella

Wuchshöhe 5–12 cm
Blütezeit April–Mai
Lebensraum Laub- und Nadelmischwälder.
Verwendbare Pflanzenteile Blätter vor der Blüte.
Ernte Blätter im Spätfrühling und Anfang Frühsommer.
Wichtige Wirkstoffe Vitamin C, Oxalsäure. Wer zu Steinbildung neigt, sollte die Pflanze nur selten zu sich nehmen. In kleinen Mengen wirkt sie erfrischend und blutreinigend, in größeren Mengen kann ihre Oxalsäure die Nieren schädigen. Aber da Oxalsäure wasserlöslich ist, kann sie durch Abkochen und Abgießen des Kochwassers entfernt werden.

→ HEILWIRKUNGEN Früher hat man die Pflanze bei Skorbut (Vitamin-C-Mangelkrankheit) eingesetzt. Heute trinkt man einen Tee aus den Blättern bei Verdauungsstörungen. Er stärkt Magen und Darm, Leber und Galle, löst Blähungen und Krämpfe.

Blätter: drei-bis fünflappig, unregelmäßig grob gezähnt →

Echter Eibisch

Althaea officinalis

Wuchshöhe 60–150 cm
Blütezeit Juli–August
Lebensraum Feuchte Gräben, Nasswiesen, Küsten. Wird auch als Heilpflanze kultiviert. Als Wildpflanze geschützt.
Verwendbare Pflanzenteile Medizinisch genutzt werden Blätter, Blüten und Wurzeln.
Ernte Blätter: Mai–Juni; Blüten: Juli–August, kurz vor dem Aufblühen sind sie am gehaltvollsten; Wurzeln: Oktober–November oder im Frühjahr März–April.
Wichtige Wirkstoffe Ätherisches Öl, Schleimstoffe, Flavonoide.

→ **HEILWIRKUNGEN Im Vordergrund stehen die wertvollen Schleimstoffe des Eibisch. Sie legen sich wie ein Schutzfilm über entzündete, gereizte Schleimhäute. Man verwendet die Pflanze v. a. bei trockenem Reizhusten und Bronchitis, bei Halsentzündungen oder Schleimhautreizungen von Magen, Darm und Harnwegen.**

Tee: 1 TL getrocknete Blüten pro Tasse, 10 Min. ziehen lassen, abgießen →

Echtes Mädesüß

Filipendula ulmaria

Wuchshöhe 100–150 cm
Blütezeit Juni–August
Lebensraum Feuchtwiesen, Ufer von Seen und Bachläufen.
Verwendbare Pflanzenteile Medizinisch verwendet werden die Blüten und die oberen Blätter.
Ernte Juni–August.
Wichtige Wirkstoffe Ätherisches Öl, Gerb- und Schleimstoffe, Flavonoide, Salicylsäureverbindungen.

→ HEILWIRKUNGEN Mit seinen Salicylsäureverbindungen ist das Mädesüß der Vorläufer des Schmerzmittels Aspirin. „Wiesen-Aspirin“ wird es auch genannt. Tee und Tinktur aus der blühenden Pflanze wirken entzündungshemmend, harn- und schweißtreibend, fiebersenkend und gegen Schmerzen. Bei Erkältungen und grippalen Infekten helfen sie, die Symptome zu lindern, Krankheitserreger auszuschwitzen oder über die Nieren auszuscheiden.

Die Heilwirkung ist bei den Zuchtformen oft verloren gegangen →

Wald-Erdbeere

Fragaria vesca

Wuchshöhe 10–20 cm
Blütezeit April–Juni
Lebensraum Waldränder, Waldlichtungen.
Verwendbare Pflanzenteile Blätter und Früchte.
Ernte Blätter: April–Juli; Früchte: Juni–Juli.
Wichtige Wirkstoffe Blätter: Gerbstoffe, ätherisches Öl; Früchte: Vitamine C, E, K und B-Vitamine, Zucker, Mineralstoffe. Vorsicht: Die Früchte enthalten Allergene und lösen bei manchen Personen eine Reizung der Magennerven aus.

→ **HEILWIRKUNGEN** **Wald-Erdbeeren reinigen Nieren und Harnwege und unterstützen Leber und Galle. Volksmedizinisch genutzt werden aber v. a. die Blätter mit ihrem hohen Gerbstoffgehalt. Bei Hals- und Rachenschmerzen nimmt man zum Gurgeln einen Tee (1 TL getrockneter Blätter pro Tasse, 5 Min. abgedeckt ziehen lassen). Er wirkt auch blutreinigend und hilft bei leichten Durchfällen.**

Blüten cremefarben, in dolden- ähnlichen Blütenständen →

Eberesche · Vogelbeere

Sorbus aucuparia

Wuchshöhe Strauch oder Baum, 3–15 m
Blütezeit Mai–Juni
Lebensraum Laubwälder, Waldränder, Parks, vielfach als Straßenbaum gepflanzt.
Verwendbare Pflanzenteile Früchte.
Ernte Reife orangerote Früchte. Fruchtreife August–Oktober.
Wichtige Wirkstoffe Gerbstoffe, Zucker, Vitamin C, aber auch Parasorbinsäure, die den Magen-Darm-Trakt reizt.

→ **HEILWIRKUNGEN** **Frische Beeren sind in größeren Mengen unverträglich, sie führen wegen der Parasorbinsäure zu Erbrechen und Durchfall. Durch Kochen und Trocknen zerfällt diese Substanz. Gekochte oder getrocknete Beeren wirken mild abführend und harntreibend. Mit ihrem hohen Vitamin-C-Gehalt stärken sie das Immunsystem. Früher hat man sie gegen Skorbut und Erkältungen eingesetzt. Volksmedizinisch ist ihre Wirkung bei Rheuma und Gicht belegt.**

Weißdorn-Blütentee stärkt das Herz, Nebenwirkungen sind nicht bekannt →

Eingriffliger Weißdorn

Crataegus monogyna

Wuchshöhe Dorniger Strauch oder kleiner Baum, 2–10 m
Blütezeit Mai–Juni
Lebensraum Hecken, Gebüsche, Waldränder.
Verwendbare Pflanzenteile Blätter, Blüten und Früchte.
Ernte Blüten, junge Blätter: Mai, Früchte: September–Oktober.
Wichtige Wirkstoffe Flavonoide, biogene Amine, in den Blüten ätherisches Öl.

→ **HEILWIRKUNGEN** **Diese gut untersuchte Heilpflanze zur Stärkung von Herz und Kreislauf hat heute einen wichtigen Platz in der naturheilkundlichen Medizin. Ihre Inhaltsstoffe unterstützen die Kontraktionskraft des Herzens, erweitern die Herzkranzgefäße und senken den Blutdruck. Für die Selbstmedikation eignen sich Tee, Tinktur oder Frischpflanzensaft. Doch das sollte immer in Absprache mit dem Arzt geschehen. Auch ärztlich verordnete Fertigpräparate bieten sich zur Behandlung an.**

Schmeckt sehr fruchtig: heißer Punsch aus Schlehen und Hagebutten →

Schlehe

Prunus spinosa

Wuchshöhe Dorniger Strauch, 1–3 m
Blütezeit März–April
Lebensraum Wald-, Feld- und Wegränder, Hecken.
Verwendbare Pflanzenteile Arzneilich genutzt werden die getrockneten Blüten und Früchte.
Ernte Blüten: März–April, Früchte: Oktober–November.
Wichtige Wirkstoffe Flavonoide, Anthocyane, Gerb- und Bitterstoffe, Vitamin C und Fruchtsäuren.

→ **HEILWIRKUNGEN Schlehenfrüchte sind in Erkältungszeiten eine vitaminreiche Stärkung unseres Immunsystems. Ihr frischer Saft wird in der Volksheilkunde bei Husten und Entzündungen im Mund- und Rachenraum eingesetzt. Ein Tee aus den getrockneten Schlehenblüten gilt als mildes Abführmittel, wirkt leicht harntreibend, belebt und entschlackt im Frühling den Körper. Deshalb verwendet man Schlehenblüten in Blutreinigungs- und Abführtees.**

Blätter aus 5–7 eiförmigen, am Rand gesägten Teilblättchen →

Schwarzer Holunder

Sambucus nigra

Wuchshöhe Strauch oder kleiner Baum, 2–10 m
Blütezeit Juni
Lebensraum Wald- und Wegränder, Hecken und Gebüsche.
Verwendbare Pflanzenteile Blüten und reife Früchte.
Ernte Blütendolden: Juni, Fruchtstände mit den Beeren: August–September.
Wichtige Wirkstoffe Blüten: Ätherisches Öl, Gerbstoffe, Schleimstoffe, Flavonoide. Früchte: B-Vitamine, Vitamin C, Folsäure, Anthocyane, Flavonoide, ätherische Öle.

→ **HEILWIRKUNGEN** **Ein Tee aus Holunderblüten (2 TL getrocknete Blüten/Tasse, mit 250 ml heißem, nicht mehr kochendem Wasser übergießen und 5–10 Min. ziehen lassen) bringt heiß getrunken den Körper ordentlich ins Schwitzen, mobilisiert die Entgiftungskräfte und verkürzt den Krankheitsverlauf. Nicht**

↑ Holunderblüten trocknet man, ohne sie vorher zu waschen

↑ Schwarzer Holunder wächst oft in der Nähe menschlicher Siedlungen

umsonst gilt er als bewährtes Hausmittel bei fiebrigen Erkältungen. Auch die Früchte und der daraus gewonnene Saft stärken das Immunsystem. Wer den Saft bei einer Herpesinfektion auf die Bläschen tupft, lindert die Schmerzen und fördert den Heilungsprozess. Vollreif und gekocht sind die Früchte des Schwarzen Holunders unbedenklich. Unreife und rohe reife Früchte sollte man aber nicht essen. Sie enthalten ebenso wie die Blätter und Blütenstiele giftige Blausäureverbindungen, die sich erst beim Kochen zersetzen.

→ **GESUND MIT HOLUNDER** **Lässt man 10 frische Holunderblütendolden ohne die Blütenstiele etwa 2 Wochen lang in Oliven- oder Rapsöl ziehen und siebt danach die Blüten durch ein Tuch ab, erhält man ein Holunderblütenöl, das gereizte und empfindliche Haut pflegt.**

Blätter: getrocknet sind sie in vielen Haus- und Frühstückstees enthalten →

Brombeere

Rubus fruticosus

Wuchshöhe Stacheliger Strauch, Zweige überhängend, 1–2 m
Blütezeit Mai–Juli
Lebensraum Waldränder, Hecken.
Verwendbare Pflanzenteile Blätter und Früchte.
Ernte Junge Blätter (an den Spitzen junger Ranken): April–September, reife Früchte: August–Oktober.
Wichtige Wirkstoffe Gerbstoffe, Flavonoide, Fruchtsäuren, Anthocyane, Vitamine, Mineralstoffe.

→ **HEILWIRKUNGEN** **Ein Tee aus den gerbstoffreichen Blättern hilft bei Durchfallerkrankungen, Magen- und Darmproblemen sowie als Gurgellösung bei Halsschmerzen und entzündeten Mundschleimhäuten. Die reifen Früchte stärken mit ihren Anthocyanen das Immunsystem. Der Saft aus den Beeren hilft, Erkältungen vorzubeugen. Brombeeren fördern außerdem die Blutbildung und wirken einer Verengung der Blutgefäße entgegen.**

Vollreife Himbeeren lösen sich leicht vom kegelförmigen Blütenboden ab →

Himbeere

Rubus idaeus

Wuchshöhe Stacheliger Strauch, 80–150 cm
Blütezeit Mai–Juni
Lebensraum Waldränder, Waldlichtungen, Hecken.
Verwendbare Pflanzenteile Blätter und Früchte.
Ernte Blätter: Mai–August, reife Früchte: Juli–September.
Wichtige Wirkstoffe Blätter: Gerbstoffe, Flavonoide, Vitamin C. Früchte: Vitamine A, B, C, und E, Fruchtsäuren, Mineralstoffe, Spurenelemente.

→ HEILWIRKUNGEN Ähnlich wie die Blätter der Brombeere werden auch Himbeerblätter zum Gurgeln bei Entzündungen im Mund- und Rachenraum sowie bei leichten Durchfallerkrankungen verwendet. Die Früchte kommen wegen ihres hohen Vitamingehalts zur Vorbeugung von Erkältungskrankheiten zum Einsatz. Auch zur Kräftigung des Gesamtorganismus leisten sie gute Dienste. Ihre Fruchtsäuren, v. a. Zitronensäure, wirken harntreibend.

Bärlauch-Bestände sind schon von Weitem mit der Nase auszumachen →

Bärlauch

Allium ursinum

Wuchshöhe 15–50 cm
Blütezeit April–Juni
Lebensraum Schattige Laub- und Auwälder.
Verwendbare Pflanzenteile Junge Blätter, immer frisch verwenden. Beim Trocknen gehen wichtige Wirkstoffe verloren.
Ernte Junge Blätter kurz vor der Blüte. Vorsicht: Giftige Doppelgänger sind Maiglöckchen, Herbstzeitlose und Aronstab.
Wichtige Wirkstoffe Schwefelhaltige Lauchöle, Flavonoide, Eisen, Magnesium und Mangan, ätherisches Öl, Vitamin C.

→ **HEILWIRKUNGEN** **Die Pflanze wirkt blutreinigend, harntreibend und entzündungshemmend. Sie senkt den Blutdruck und einen zu hohen Cholesterinspiegel, beugt so Arterienverkalkung vor und hilft, Herzinfarkt und Schlaganfall zu bekämpfen. „Wohl kein Kraut ist so wirksam zur Reinigung von Magen, Darm und Blut wie der Bärlauch“, schrieb schon Kräuterpfarrer Johann Künzle.**

Schafgarbe

Achillea millefolium

Wuchshöhe 20–80 cm
Blütezeit Juni–Oktober
Lebensraum Sonnige magere Wiesen, Wegränder.
Verwendbare Pflanzenteile Blätter, Blüten.
Ernte Die Pflanze wird Juni–August geerntet, am besten in der Mittagszeit. Dann ist der Gehalt an ätherischem Öl in allen Pflanzenteilen am höchsten.
Wichtige Wirkstoffe Ätherisches Öl, Gerb- und Bitterstoffe, Flavonoide, Schleimstoffe, Vitamine, Mineralstoffe.

→ **HEILWIRKUNGEN** **Die Pflanze hilft innerlich und äußerlich als Tee, Tinktur oder Umschlag bei Magen-Darm-Beschwerden, entkrampfend bei Menstruationsbeschwerden und bei Erkältung, Fieber und Bronchitis. Seit Langem bekannt ist sie auch als Wundheilmittel. Hier kommen ihre entzündungshemmenden Gerbstoffe zum Tragen, die die Heilung beschleunigen.**

Sicherstes Kennzeichen: der kegelförmige, hohle Blütenboden →

Echte Kamille

Matricaria chamomilla

Wuchshöhe 15–20 cm
Blütezeit Mai–September
Lebensraum Feld-, Weg- und Straßenränder, Brachland.
Verwendbare Pflanzenteile Blütenköpfchen.
Ernte Blüten erst ernten, wenn die Zungenblüten nach unten umgeklappt sind. Dann sind sie besonders aromatisch.
Wichtige Wirkstoffe Ätherisches Öl mit Chamazulen und Bisabolol, Flavonoide, Schleimstoffe.

→ HEILWIRKUNGEN Ob frisch oder getrocknet, innerlich als Tee, Tinktur oder Inhalation, äußerlich als Öl, Salbe, Sitzbad oder Umschlag: Die Echte Kamille mit ihrem hohen Anteil an ätherischem Öl ist nahezu ein Alleskönner und eine der bekanntesten wild wachsenden Heilpflanzen. Sie wirkt entzündungshemmend, krampflösend, schweißtreibend und wundheilend, ist antibakteriell, fördert die Schlafbereitschaft und wirkt beruhigend.

Weiße bis rosa Zungenblüten umrahmen gelbe Röhrenblüten →

Gänseblümchen

Bellis perennis

Wuchshöhe 5–15 cm
Blütezeit März–November
Lebensraum Wiesen, Wegränder, Garten- und Parkrasen.
Verwendbare Pflanzenteile Blüten und Blätter.
Ernte März–Oktober, am besten im Frühling.
Wichtige Wirkstoffe Gerb- und Bitterstoffe, Vitamine A und C, Flavonoide, Mineralstoffe.

→ **HEILWIRKUNGEN Das Gänseblümchen steckt voller Mineralstoffe und Vitamine. Seine gesunden Bitterstoffe regen den Stoffwechsel an. Man übergießt 1 TL zerkleinerte Blätter oder Blütenköpfe pro Tasse mit heißem Wasser und lässt sie 5–10 Min. ziehen: Ein solcher Tee wird äußerlich bei Hautausschlägen, schlecht heilenden Wunden oder Akne angewendet. Innerlich hilft er bei Erkältungen oder Beschwerden im Magen-Darm-Bereich. Als Gänseblümchenessig macht sich die Pflanze gut im Salatdressing.**

Die Blätter erinnern an die von Brennnesseln, haben aber keine Brennhaare →

Weiße Taubnessel

Lamium album

Wuchshöhe 20–50 cm
Blütezeit April–September
Lebensraum Weg- und Waldränder, Brachland.
Verwendbare Pflanzenteile Blüten.
Ernte Juni–September
Wichtige Wirkstoffe Schleim- und Gerbstoffe, ätherisches Öl, Flavonoide, Mineralstoffe wie Kalium, Kalzium, Magnesium.

→ HEILWIRKUNGEN In der Naturheilkunde schätzt man die Weiße Taubnessel als entzündungshemmend, verdauungsfördernd und harntreibend. Einen Tee aus den getrockneten Blüten trinkt man bei leichten Erkrankungen der oberen Atemwege und bei Magen- und Darmverstimmungen. In der Homöopathie verordnet man die Pflanze bei Schlafstörungen und zur Beruhigung. Äußerlich nimmt man sie bei oberflächlichen Entzündungen der Haut. Bei Neurodermitis lindert sie den Juckreiz.

Blätter gegenständig, schmal oval, Rand grob gezackt →

Melisse · Zitronenmelisse

Melissa officinalis

Wuchshöhe 40–70 cm
Blütezeit Juni–August
Lebensraum Verwildert auf Waldschlägen, an Forststraßen. Heimat ist der östliche Mittelmeerraum. Von dort kam die Melisse mit Benediktinermönchen nach Mitteleuropa.
Verwendbare Pflanzenteile Blätter.
Ernte Kurz vor der Blüte.
Wichtige Wirkstoffe Ätherische Öle, Flavonoide, Gerb- und Bitterstoffe, Schleimstoffe, Vitamin C.

→ **HEILWIRKUNGEN** **„Ein milder pflanzlicher Tranquilizer ohne Nebenwirkungen", so wird die Melisse in Heilpflanzenbüchern beschrieben. Tee und Tinktur aus den zerkleinerten, getrockneten Blättern schreibt man eine beruhigende, antibakterielle und sogar virenhemmende Wirkung zu und verwendet sie bei Schlaflosigkeit, Kopfschmerzen und nervösen Herzbeschwerden.**

Blüten: Oberlippe zweiteilig, Unterlippe dreiteilig mit breitem Mittellappen →

Andorn

Marrubium vulgare

Wuchshöhe 20–40 cm
Blütezeit Juni–September
Lebensraum Magerwiesen, Ödland, Wege, Schuttgelände. Heimat Mittelmeergebiet, in Mittel- und Nordeuropa eingebürgert.
Verwendbare Pflanzenteile Getrocknete Blätter.
Ernte Juni–August
Wichtige Wirkstoffe Gerb-, Bitter- und Schleimstoffe, wenig ätherische Öle, Flavonoide, Kalium und Kalzium.

→ HEILWIRKUNGEN Wie bei fast allen Pflanzen ist auch beim Andorn die Gesamtheit seiner Inhaltsstoffe für die Wirkung verantwortlich. Er ist krampflösend, entzündungshemmend und schleimlösend. Das ätherischem Öl und die Gerbstoffe helfen bei Erkältungen, lösen zähen Schleim und erleichtern das Abhusten. Seine Bitterstoffe bekämpfen Verdauungsstörungen und Gallenbeschwerden.

Weiße Lippenblüte, innen mit purpurroten Punkten

Ufer-Wolfstrapp

Lycopus europaeus

Wuchshöhe 20–80 cm
Blütezeit Juli–September
Lebensraum Wächst stets auf feuchten bis nassen Böden: an Ufern, Gräben, Nasswiesen, feuchten Waldrändern.
Verwendbare Pflanzenteile Blätter.
Ernte Blätter zur Blütezeit, werden in kleinen Bündeln im Schatten zum Trocknen aufgehängt.
Wichtige Wirkstoffe Flavonoide, Gerbstoffe, ätherisches Öl.

→ **HEILWIRKUNGEN** **Diese alte Heilpflanze wird auch in der modernen Pflanzenmedizin noch eingesetzt. Der Tee beeinflusst die Schilddrüsenfunktion. Er reguliert eine leichte Überfunktion und deren Begleiterscheinungen wie Nervosität und nervöse Herzprobleme. Auch bei Hitzewallungen, Kreislaufproblemen und Schlafstörungen in den Wechseljahren hat er sich bewährt. Wenig bekannt: Wolfstrapptee härtet den Zahnschmelz.**

GELB BLÜHENDE HEILPFLANZEN schneller bestimmen

Die Pflanze, die du bestimmen möchtest, hat eine gelbe Blüte. Wie gehst du nun weiter vor?

↓

Zähle die Blütenblätter.

↓

Dann blätterst du zu der Seite, ab der die Arten mit der entsprechenden Anzahl von Blütenblättern vorgestellt werden.

AB SEITE 44

Bis 4 Blütenblätter

Ein typischer und leicht zu erkennender Vertreter in dieser Gruppe gelb blühender Heilpflanzen mit 4 Blütenblättern ist die Nachtkerze. Ihre großen tellerförmigen Blüten sind sehr auffällig. Allerdings öffnen sie sich erst in den Abendstunden.

→ Nicht ganz so leicht macht es das Echte Labkraut dem Betrachter. Seine Einzelblüten sind winzig und die vierzipfelige Blütenkrone misst nur etwa 3 mm im Durchmesser. Trotzdem sind 4 schmale gelbe Kronblätter und 4 Staubbeutel zu erkennen.

AB SEITE 48

5 Blütenblätter

Das Gänsefingerkraut ist eine der bekanntesten Arten in dieser Gruppe. Seine fünfzähligen Blüten stehen einzeln am Ende langer blattloser Stiele, die Blütenblätter sind ausgebreitet und deshalb leicht zu zählen.
⟶ Ebenfalls ausgebreitete Blüten hat das Johanniskraut. Markantes Kennzeichen hier: Über die schmalen Kronblätter erheben sich zahlreiche Staubblätter, die in 3 Gruppen angeordnet sind.

AB SEITE 60

Mehr als 5 Blütenblätter

Die meisten der in dieser Kategorie vertretenen Arten gehören in die Pflanzenfamilie der Korbblütler. Ausschlaggebend für diesen Namen ist der korbähnliche Blütenstand. Alle Arten besitzen ein Blütenkörbchen oder -köpfchen, in dem viele Einzelblüten zusammenstehen und den Eindruck einer großen Blüte erwecken.
⟶ Manchmal sind es nur Röhrenblüten, manchmal nur Zungenblüten, manchmal eine Kombination aus beiden.
⟶ Die bekanntesten Vertreter dieser Pflanzenfamilie sind der Löwenzahn und der Huflattich.

AB SEITE 68

Zweiseitig-symmetrische Blüten

Hier sind nur 2 Arten aus der Familie der Schmetterlingsblütler vertreten, der Steinklee und der Wundklee.
⟶ Charakteristisch für beide sind Blüten mit nur einer Symmetrieachse, die sie in 2 spiegelbildliche Hälften teilt.

Duften bei Sonne kräftig nach Honig: → die dichten Blütenstände

Echtes Labkraut

Galium verum

Wuchshöhe 10–70 cm
Blütezeit Juli–September
Lebensraum Trockene Wiesen, Gebüsche, Weg- und Waldränder, braucht nährstoffarme kalkhaltige Böden.
Verwendbare Pflanzenteile Das getrocknete blühende Kraut (Blätter und Blüten) zur Teebereitung.
Ernte Das Kraut, wenn die Pflanze voll erblüht ist.
Wichtige Wirkstoffe Gerbstoffe, Kieselsäure, Flavonoide, ätherische Öle, Mineralstoffe, Spurenelemente.

→ HEILWIRKUNGEN Die Pflanze wird heute fast nur noch in der Homöopathie und der Volksmedizin als harntreibendes Mittel bei Wasseransammlungen im Körper verwendet. Ein Tee aus dem blühenden Kraut regt die Nieren an. Besonders hilfreich ist das bei geschwollenen Knöcheln. Äußerlich beruhigt der Tee entzündete, gereizte und juckende Haut.

Kann man auch selbst ansetzen: Blutwurztinktur bzw. Blutwurzschnaps →

Blutwurz

Potentilla erecta

Wuchshöhe 10–40 cm
Blütezeit Juni–August
Lebensraum Anspruchslose Pflanze, besiedelt Heiden, Böschungen, Flachmoore, Magerwiesen.
Verwendbare Pflanzenteile Wurzel.
Ernte Frühjahr und Herbst, entweder zwischen März und April oder im Oktober. Nach der Ernte werden die Wurzeln gewaschen, zerkleinert und zum Trocknen ausgelegt.
Wichtige Wirkstoffe Gerbstoffe, Flavonoide, ätherische Öle, Harze.

→ HEILWIRKUNGEN **Mit ihrem Gerbstoffgehalt von ca. 20 % gilt die Blutwurz bei uns als „Gerbstoffdroge Nummer Eins". Zusammen mit Flavonoiden und Harzen wirkt sie zusammenziehend, entzündungs- und durchfallhemmend und fördert die Wundheilung. Tee oder Tinktur aus getrockneten Wurzelstückchen dienen als Gurgelmittel bei Entzündungen im Mund- und Rachenraum.**

Vielfach medizinisch im Einsatz: das Öl aus den Samen →

Nachtkerze

Oenothera biennis

Wuchshöhe 50–150 cm
Blütezeit Juni–August
Lebensraum Wegränder, Feldraine, Ödflächen.
Verwendbare Pflanzenteile Genutzt werden v. a. die Samen.
Ernte Samen: August–November, sobald sie ausgereift sind.
Wichtige Wirkstoffe Das Öl aus den Samen enthält mehrfach ungesättigte Fettsäuren, auch die essenzielle Gamma-Linolensäure, die für den menschlichen Organismus von großer Bedeutung ist.

→ HEILWIRKUNGEN Nachtkerzenöl unterstützt die Therapie bei Hauterkrankungen. Innerlich und äußerlich hilft es bei Neurodermitis, Ekzemen und Akne. Auch allergisches Asthma, eine häufige Begleiterscheinung von Neurodermitis, wird positiv beeinflusst, ebenso Gelenkbeschwerden und Herz-Kreislauf-Störungen. Nachtkerzenöl gibt es im Handel auch in Form von Kapseln.

Sanddornsaft ist ein köstlicher Vitamin-Cocktail →

Sanddorn

Hippophae rhamnoides

Wuchshöhe Dorniger Strauch, 2–6 m
Blütezeit April
Lebensraum Meeresküsten, Flussufer, gepflanzt in Gärten.
Verwendbare Pflanzenteile Die reifen Früchte.
Ernte Reife Früchte; Fruchtreife August–Oktober.
Wichtige Wirkstoffe Im Hinblick auf Vitamin C ist Sanddorn die Vitaminbombe schlechthin. Darüber hinaus enthalten die Beeren Vitamin E und K, B-Vitamine, Beta-Carotin sowie wichtige Mineralstoffe und Spurenelemente.

→ **HEILWIRKUNGEN** **Ob als Saft, Mus oder Fruchtfleischöl – Sanddorn aktiviert unser Immunsystem und unseren gesamten Stoffwechsel. Gerade zur Erkältungszeit, bei Erschöpfung oder Frühjahrsmüdigkeit unterstützt er die körperliche und geistige Leistungsfähigkeit. Sanddornöl pflegt und regeneriert die Haut und verlangsamt deren Alterungsprozess.**

Typisch: winzige Blättchen zwischen den großen Teilblättchen →

Kleiner Odermennig

Agrimonia eupatoria

Wuchshöhe 30–100 cm
Blütezeit Juni–September
Lebensraum Wald- und Wegränder, Hecken.
Verwendbare Pflanzenteile Verwendet wird das Kraut. Für einen Tee übergießt man pro Tasse 1 TL Blätter und Blüten mit siedendem Wasser. 10–15 Min. ziehen lassen und abseihen.
Ernte Juni–Juli
Wichtige Wirkstoffe Gerb- und Bitterstoffe, Cumarine, Flavonoide, ätherische Öle.

→ HEILWIRKUNGEN Getrocknet ist das Kraut des Odermennigs Bestandteil vieler käuflicher Teemischungen gegen Verdauungsbeschwerden. Tee und Tinktur aus der Pflanze beruhigen den Magen-Darm-Bereich und unterstützen Leber und Galle bei ihrer Entgiftungsarbeit. Auch zum Gurgeln bei Heiserkeit haben sie sich bewährt.

Blattunterseite silbrig behaart →

Gänsefingerkraut

Potentilla anserina

Wuchshöhe 5–15 cm
Blütezeit Mai–August
Lebensraum Wegränder, Bahndämme, Brachland, Gärten.
Verwendbare Pflanzenteile Gerade aufgeblühtes Kraut (Blätter und Blüten).
Ernte Blühendes Kraut: Mai–August.
Wichtige Wirkstoffe Gerbstoffe, Bitterstoffe, Flavonoide, Cumarine, krampflösende Stoffe bisher unbekannter Struktur.

→ HEILWIRKUNGEN **„Krampfkraut Nummer Eins" wird das Gänsefingerkraut manchmal genannt. Ein Tee aus dem blühenden Kraut entspannt bei Blähungen, löst Krämpfe im Magen-Darm-Trakt, hilft bei Husten und bei der Menstruation. Seine Gerbstoffe wirken leicht entzündungshemmend. Man nimmt es auch zum Gurgeln bei Entzündungen von Mundschleimhaut und Zahnfleisch und als Teeauflage bei Augenentzündungen.**

Riecht aromatisch nach Nelkenöl: ⟶
die Wurzel

Echte Nelkenwurz

Geum urbanum

Wuchshöhe 20–50 cm
Blütezeit Juni–August
Lebensraum Wälder, Gebüsche, Gärten, feucht-kühle Standorte.
Verwendbare Pflanzenteile Wurzel.
Ernte Die beste Erntezeit für die Wurzeln ist die Zeit um die Tag- und Nachtgleiche im Frühling. Dann sind sie besonders reich an Wirkstoffen. Sofort nach dem Ausgraben werden sie gewaschen, klein geschnitten und getrocknet.
Wichtige Wirkstoffe Ätherisches Öl mit Eugenol, Gerb- und Bitterstoffe.

→ **HEILWIRKUNGEN** **Tee oder Tinktur aus der Wurzel wirken schmerzstillend und keimtötend. Man nimmt sie zum Gurgeln bei Entzündungen im Mund- und Rachenraum, auch bei Entzündungen der Darmschleimhaut und leichtem Durchfall helfen sie. In der Homöopathie reguliert man mit der Pflanze intensiven Körperschweiß.**

Kürbisfrüchte können in Form und Farbe sehr unterschiedlich sein →

Kürbis · Gartenkürbis

Cucurbita pepo

Wuchshöhe Pflanze mit bis zu 10 m langem kriechenden Stängel.
Blütezeit Juni–September, nach Geschlechtern getrennt, aber auf einer Pflanze. Männliche Blüten in doldenartigen Blütenständen, weibliche einzeln. Blütenkronen mit 5 Zipfeln.
Lebensraum Kam als Nutzpflanze von Mittelamerika nach Europa, verwildert gelegentlich in der Nähe von Gärten.
Verwendbare Pflanzenteile Arzneilich werden die Samen verwendet.
Ernte September–Dezember
Wichtige Wirkstoffe Aminosäuren, Tocopherol, fettes Öl und das Spurenelement Selen.

→ **HEILWIRKUNGEN** **Der Kürbis wird nicht nur in der Küche geschätzt – seine Samen werden auch medizinisch genutzt. Man verwendet sie in Fertigpräparaten bei Prostataerkrankungen und Blasenstörungen.**

Tee aus den Samen bringt Entspannung bei Schlaflosigkeit

Dill

Anethum graveolens

Wuchshöhe 50–120 cm
Blütezeit Juli–August
Lebensraum Seit dem Mittelalter in Gärten, selten verwildert.
Verwendbare Pflanzenteile Angewendet werden die getrockneten Samen und das frische oder getrocknete Kraut.
Ernte Juni–September
Wichtige Wirkstoffe Ätherisches Öl mit dem Hauptbestandteil Carvon, Vitamine, viele Spurenelemente und Mineralstoffe, v. a. Kalium und Kalzium, daneben Eisen, Jod und Zink.

HEILWIRKUNGEN Dill ist uns heute hauptsächlich als Küchenkraut im Gurkensalat und in Remoulade zu Fischgerichten geläufig. Für Heilzwecke wird v. a. ein Tee aus den Samen verwendet. Er beseitigt – ähnlich wie Tee aus Kümmel und Fenchel – Magenverstimmungen, verhindert Blähungen und löst Krämpfe. Zudem entwässert und entschlackt er und beruhigt die Nerven.

Aus den kleinen gelben Einzelblüten entwickeln sich aromatische Samen →

Fenchel

Foeniculum vulgare

Wuchshöhe 80–200 cm
Blütezeit Juli–August
Lebensraum Ursprünglich als mediterrane Heil- und Gewürzpflanze kultiviert, in Gartennähe gelegentlich verwildert.
Verwendbare Pflanzenteile Für medizinische Zwecke die Früchte.
Ernte Frühherbst.
Wichtige Wirkstoffe Ätherisches Öl, Flavonoide, wenig Cumarin, Zucker, Mineralstoffe, Vitamine A, B und C.

→ HEILWIRKUNGEN Fenchel gilt als Universalheilmittel für Groß und Klein. Ein Tee aus den Samen ist eines der bekanntesten Hausmittel bei krampfartigen Magen-Darm-Beschwerden, Völlegefühl und Blähungen, v. a. bei Kindern. Die Hauptwirkung wird dem ätherischen Öl des Fenchels zugeschrieben. Es wirkt krampf- und schleimlösend. Bei Erkältungen löst Fenchel den zähen Schleim in der Lunge und nimmt die Entzündung.

Die ledrigen Blätter duften zerrieben nach Maggiwürze (Maggikraut) →

Liebstöckel

Levisticum officinale

Wuchshöhe 1–2 m
Blütezeit Juni–August
Lebensraum Kultiviert, in der Nähe von Gärten auch verwildert.
Verwendbare Pflanzenteile Arzneilich v. a. die getrockneten Wurzeln, meist in Form von Fertigpräparaten. Für den Gebrauch in der Küche: Blätter und Samen.
Ernte Blätter: Frühling und Frühsommer, Samen: Spätsommer, Wurzel: Herbst.
Wichtige Wirkstoffe Ätherische Öle, Gerb- und Bitterstoffe, Mineralstoffe, v. a. Kalium und Kalzium, Eisen, Furocumarine.

→ HEILWIRKUNGEN Mit seiner Mixtur an Wirkstoffen setzt man Liebstöckel heute v. a. als harntreibendes Mittel zur Unterstützung der Nieren- und Blasenfunktion ein. So ist die Pflanze oft in Nieren- und Blasentees enthalten. In der Küche schätzt man Liebstöckel als Würzkraut mit verdauungsfördernder Wirkung.

Weit trichterförmige Blüte meist mit 5, ab und zu auch mit 6 Kronblättern →

Gelber Enzian

Gentiana lutea

Wuchshöhe 50–120 cm
Blütezeit Juli–August
Lebensraum Wild wachsend in den Alpen und hohen Mittelgebirgslagen, bevorzugt auf Magerrasen.
Verwendbare Pflanzenteile Arzneilich verwendet wird der getrocknete Wurzelstock.
Ernte März–April, August–September. Die Pflanze ist geschützt, die Ernte streng lizensiert. Um Wildvorkommen zu schonen, verwendet man meist Pflanzen aus dem Anbau.
Wichtige Wirkstoffe Reich an Bitterstoffen, weist den höchsten Bitterwert bisher bekannter Naturstoffe auf.

→ **HEILWIRKUNGEN** **Tee und Tinktur aus der Wurzel regen die Speichel- und Magensaftsekretion an und helfen bei Magenbeschwerden und Verdauungsstörungen. Sie fördern auch die Funktion von Leber, Galle und Bauchspeicheldrüse.**

Besonders heilkräftig: die Wurzel →

Hohe Schlüsselblume

Primula elatior

Wuchshöhe 10–25 cm
Blütezeit April–Mai
Lebensraum Feuchte Wiesen, Wälder, Gebüsche.
Verwendbare Pflanzenteile Blüten und v. a. Wurzel.
Ernte Schlüsselblumen stehen unter Schutz. In der freien Natur dürfen ihre heilkräftigen Wurzeln nicht ausgegraben werden. Wer sie nutzen möchte, kauft sie in der Apotheke als „Primulae radix". Eine weitere Möglichkeit: Man pflanzt für den Eigenbedarf einige Pflanzen im Garten an.
Wichtige Wirkstoffe Neben ätherischen Ölen, Gerbstoffen und Flavonoiden enthalten Schlüsselblumen als medizinische Wirkstoffe Saponine.

→ HEILWIRKUNGEN Die Art wird wegen ihrer schleimlösenden Wirkung bei Husten und anderen Atemwegserkrankungen eingesetzt, meist als Tee.

Blüten: behalten auch getrocknet ihre leuchtend gelbe Farbe →

Großblütige Königskerze

Verbascum densiflorum

Wuchshöhe 50–250 cm
Blütezeit Juli–September
Lebensraum Wegränder, Brachflächen.
Verwendbare Pflanzenteile Getrocknete Blüten.
Ernte Juli–September. Die druckempfindlichen Blüten sollte man sehr behutsam ernten. Sie werden vorsichtig aus dem Kelch gezupft und sofort zum Trocknen ausgebreitet.
Wichtige Wirkstoffe Flavonoide, Schleimstoffe, Saponine.

→ HEILWIRKUNGEN Die Königskerze ist eine sogenannte Brusttee-Pflanze und wird seit Langem in Teemischungen gegen Husten, Heiserkeit und andere Erkrankungen der Atemwege verwendet. Ihre reizmildernden Schleimstoffe lindern Hustenreiz und Heiserkeit. Sie ergänzen sich sehr gut mit der schleimlösenden und auswurffördernden Wirkung der ebenfalls in der Pflanze enthaltenen Saponine.

Traditionelles Heilmittel: Johanniskrauttee

Echtes Johanniskraut

Hypericum perforatum

Wuchshöhe 30–80 cm
Blütezeit Juni–September
Lebensraum Wegränder, magere Wiesen, Ödland.
Verwendbare Pflanzenteile Blätter und Blüten.
Ernte Obere Triebspitzen mit Blättern und Blüten im Juni/Juli.
Wichtige Wirkstoffe Ätherisches Öl, Harze, Gerbstoffe und – wesentlich für seine Wirkung – Hypericin und Hyperforin.

→ HEILWIRKUNGEN Die beruhigende Wirkung von Johanniskraut bei nervöser Unruhe, Angstzuständen, leichten Depressionen und damit verbundenen Schlafstörungen ist nachgewiesen. Angewendet wird es als Tee oder Fertigpräparat. Äußerlich nutzt man die schmerzlindernde und entzündungshemmende Wirkung von Johanniskrautöl zum Einreiben bei Prellungen, Zerrungen und Nervenschmerzen. Vorsicht: Johanniskraut erhöht die Lichtempfindlichkeit der Haut.

Lindenblüten werden bei trockenem Wetter gesammelt →

Sommerlinde

Tilia platyphyllos

Wuchshöhe Sommergrüner Laubbaum, 25–40 m
Blütezeit Juni–Juli
Lebensraum Laubmischwälder, sonnige Hänge, als Park- und Straßenbaum gepflanzt.
Verwendbare Pflanzenteile Arzneilich nutzt man die Blüten.
Ernte Juni–Juli
Wichtige Wirkstoffe Ätherisches Öl, Flavonoide, Schleim- und Gerbstoffe.

→ HEILWIRKUNGEN Sommer- wie Winterlinden sind in der Volksmedizin fast so populär wie Schwarzer Holunder oder Kamille. Lindenblütentee ist ein uraltes schweißtreibendes Hausmittel bei fiebrigen Erkältungen und grippalen Infekten. Weil dieser Tee das Immunsystem stärkt, kann man ihn in der kalten Jahreszeit auch vorbeugend gegen Erkältungen trinken. Außerdem wirkt er beruhigend. Abends vor dem Schlafengehen hilft er zu entspannen.

Ein Magenbitter aus der Wurzel hilft bei Verdauungsbeschwerden →

Löwenzahn

Taraxacum sect. ruderalia

Wuchshöhe 5–40 cm
Blütezeit April–Mai
Lebensraum Nährstoffreiche Wiesen, Wegränder, Gärten.
Verwendbare Pflanzenteile Blätter, Blüten und die Wurzel.
ErnteJunge Blätter und Wurzeln: März–April, Blüten: April–Mai.
Wichtige Wirkstoffe Bitterstoffe, Flavonoide, hoher Kaliumgehalt, Vitamine B und C.

→ **HEILWIRKUNGEN** Der Löwenzahn ist zwar eine Allerweltspflanze, aber als Heilpflanze ist er vielen unbekannt. Dabei enthält er eine ganze Palette gesunder Wirkstoffe. Diese unterstützen die Tätigkeit von Leber, Galle, Magen, Darm, Niere und Blase. Tee oder Tinktur aus Löwenzahnblättern, -blüten und -wurzeln regen die Verdauung und

↑ Ein Tee aus Pflanze und Wurzel regt den Stoffwechsel an

↑ Gut für Leber, Galle und Magen: die Bitterstoffe in der Wurzel

v. a. die Nieren so stark an, dass die Pflanze von der Bevölkerung den Beinamen „Bettsaicher“ bekommen hat. Mit ihrer harntreibenden Wirkung hilft sie, Stoffwechselendprodukte auszuschwemmen. So lagern sie sich nicht in den Gelenken ab – Gicht und rheumatische Erkrankungen werden gemildert.

→ GESUND MIT LÖWENZAHN Für einen Magenbitter oder Wein gibt man eine zerkleinerte Löwenzahnpflanze – Stängel, Blätter, Blüte und Wurzel – in ein großes verschließbares Glasgefäß, übergießt das Ganze mit einer Flasche Wodka oder Weißwein und stellt es für 2–3 Wochen an einen warmen Platz. Ab und zu sollte man die Flasche schütteln. Dann wird abgeseiht, Wein oder Magenbitter werden in eine saubere Flasche umgefüllt und gläschenweise getrunken.

Nach der Blüte: bis zu 20 cm große, gezähnte, unterseits weißfilzige Blätter →

Huflattich

Tussilago farfara

Wuchshöhe 10–20 cm
Blütezeit Februar–April
Lebensraum Weg- und Feldränder, Brachland.
Verwendbare Pflanzenteile Vor allem die getrockneten Blätter, seltener die wirkstoffärmeren Blüten.
Ernte Junge Blätter bis Handtellergröße: April–Juni, Blüten: Februar–April.
Wichtige Wirkstoffe Schleimstoffe, Gerbstoffe, geringe Mengen Flavonoide, Kieselsäure, Mineralstoffe, Spuren von Pyrrolizidinalkaloiden, die die Leber schädigen. Die Dauer der Anwendung sollte 4–6 Wochen pro Jahr nicht überschreiten.

→ HEILWIRKUNGEN „Hustenvertreiber“ wird der Huflattich genannt. Tatsächlich wird die Pflanze schon seit Urzeiten bei krampfartigem und chronischem Husten eingesetzt. Ein Tee aus den Blättern wirkt schleimverflüssigend und auswurffördernd.

Blütenköpfchen: viele lange Zungenblüten, im Zentrum Röhrenblüten

Ringelblume

Calendula officinalis

Wuchshöhe 20–50 cm
Blütezeit Juni–September
Lebensraum Heimat: Mittelmeergebiet, heute in Mitteleuropa eine der bekanntesten Gartenpflanzen, verwildert gelegentlich.
Verwendbare Pflanzenteile Für medizinische Zwecke die getrockneten Blütenköpfchen.
Ernte Juli–September
Wichtige Wirkstoffe Ätherische Öle, Schleim- und Bitterstoffe, Flavonoide, Carotinoide.

→ HEILWIRKUNGEN Aus dem Zusammenspiel ihrer Inhaltsstoffe ergibt sich das Wirkspektrum der Ringelblume: Sie wirkt entzündungshemmend und antibakteriell, fördert die Wundheilung und unterstützt die Blutgerinnung. Das am häufigsten verwendete Präparat ist sicher die Ringelblumensalbe. Ringelblume wird auch als Gurgelmittel bei Entzündungen in Mund und Rachen angewendet.

Blüten hellgelb, in hängenden Trauben →

Berberitze

Berberis vulgaris

Wuchshöhe Sommergrüner, dorniger Strauch, 1–3 m
Blütezeit Mai–Juni
Lebensraum Waldränder, Waldlichtungen, Hecken, Gebüsche.
Verwendbare Pflanzenteile Früchte.
Ernte September–Oktober
Wichtige Wirkstoffe Früchte: Pflanzensäuren, Anthocyane, Vitamin C, Zucker, Pektin.

→ HEILWIRKUNGEN Wurzel und Zweigrinde mit den giftigen Alkaloiden Berberin und Berbamin werden heute fast nur noch homöopathisch verwendet, bei Hautkrankheiten, rheumatischen Beschwerden, Nierenleiden und Funktionsstörungen von Leber und Galle. Die Früchte dagegen sind alkaloidfrei. Sie enthalten viel Vitamin C und obwohl sie kein Heilmittel im engeren Sinn sind, werden sie traditionell bei Appetitlosigkeit und zum Entschlacken genutzt, sowohl frisch als auch getrocknet.

Ob warm als Tee oder Kaltauszug – die Wirkung der Goldrute ist die gleiche →

Echte Goldrute

Solidago virgaurea

Wuchshöhe 20–120 cm
Blütezeit Juli–Oktober
Lebensraum Lichte Wälder, Heiden, Magerwiesen, Wegränder. Auf lockeren, steinigen Böden.
Verwendbare Pflanzenteile Für medizinische Zwecke Blätter und Blüten – das gesamte obere Drittel der Pflanze.
Ernte Zu Beginn der Blütezeit.
Wichtige Wirkstoffe Ätherische Öle, Gerbstoffe, Harze, Flavonoide, Glykoside, Mineralstoffe.

→ HEILWIRKUNGEN „Nierenmittel erster Wahl" wird die Echte Goldrute oft genannt. Die Inhaltsstoffe des getrockneten Krauts wirken harntreibend, entzündungshemmend, schmerzlindernd und krampflösend. Sie unterstützen die Behandlung entzündlicher Erkrankungen der Harnwege, entweder homöopathisch oder als Teemischung mit Brennnesselblättern, Zinnkraut und Birkenblättern.

Blüten mit Blütenhüllblättern, die in einen Stachel auslaufen →

Benediktenkraut

Cnicus benedictus

Wuchshöhe 10–40 cm
Blütezeit Juni–Juli
Lebensraum Als Heilpflanze aus dem Mittelmeergebiet eingeführt, verwildert gelegentlich in Gartennähe.
Verwendbare Pflanzenteile Arzneilich wird die ganze Pflanze mit Ausnahme der Wurzel verwendet.
Ernte Kurz vor oder während der Blütezeit sammeln und trocknen.
Wichtige Wirkstoffe Vor allem Bitterstoffe, daneben ätherisches Öl und Mineralstoffe, besonders Kalium und Magnesium.

→ HEILWIRKUNGEN Extrakte aus Benediktenkraut lindern Beschwerden wie Appetitlosigkeit, Völlegefühl und Blähungen. Zusammen mit anderen verdauungsfördernden Heilpflanzen wie Tausendgüldenkraut und Wermut ist das getrocknete Kraut auch in Tees enthalten, die den Magen-Darm-Trakt anregen. Ebenso ist es häufiger Bestandteil von Kräuterlikören und Magenbittern.

Blütenköpfchen aus Zungenblüten am Rand und Röhrenblüten in der Mitte →

Arnika

Arnica montana

Wuchshöhe 20–60 cm
Blütezeit Mai–August
Lebensraum Bergwiesen der Mittelgebirge und Alpen.
Verwendbare Pflanzenteile Die getrockneten Blütenköpfchen ohne die grünen Hüllkelche.
Ernte Arnika ist geschützt und darf nicht gesammelt werden.
Wichtige Wirkstoffe Ätherisches Öl, Flavonoide, Gerb- und Bitterstoffe.

→ HEILWIRKUNGEN Arnika ist als Helfer bei kleinen Sportverletzungen bekannt. Sie wirkt entzündungshemmend und schmerzstillend und wird – homöopathisch in Form von Salben und Tinkturen oder anderen Fertigarzneien – bei Prellungen, Verstauchungen oder Blutergüssen eingesetzt. Hier ist ihre Heilkraft unbestritten. Innerlich sollte Arnika nicht angewendet werden. Überdosierungen können u. a. zu Herzrhythmusstörungen führen.

Blühende Sprossspitzen: eignen sich für ein Schlafkissen

Echter Steinklee

Melilotus officinalis

Wuchshöhe 30–90 cm
Blütezeit Juni–September
Lebensraum In Unkrautbeständen an Weg- und Straßenrändern, Bahndämmen, in Kiesgruben, Steinbrüchen, auf Ödland.
Verwendbare Pflanzenteile Die blühenden Sprossspitzen.
Ernte Zur Vollblüte von Juli–September. Gleich nach dem Sammeln trocknen und in einem Baumwollsäckchen aufbewahren.
Wichtige Wirkstoffe Cumarine, Flavonoide, Gerbstoffe, Pflanzenschleim, wenig ätherisches Öl.

→ HEILWIRKUNGEN Meist wird der Echte Steinklee als Fertigarznei, v. a. in Salben und Einreibungen bei müden Beinen, Venenerkrankungen, Krampfadern und zur Vorbeugung von Thrombosen eingesetzt. Auch Tee und Tinktur stärken die Gefäßwände. Die Homöopathie empfiehlt die Pflanze bei anhaltenden Kopfschmerzen und Migräne.

Grundblätter in einer Rosette, Stängelblätter wechselständig, gefiedert →

Wundklee

Anthyllis vulneraria

Wuchshöhe 10–40 cm
Blütezeit Mai–Juni
Lebensraum Warme, mäßig trockene magere Böden: Trockenrasen, lichte Wälder, Gebüsch, Wegränder, Bahndämme.
Verwendbare Pflanzenteile Blätter, Blüten.
Ernte April/Mai–August/September. Blütenköpfchen nach der Ernte rasch im Schatten trocknen. Wo die Pflanze selten ist, bitte nicht ernten. Gedeiht auch im Garten.
Inhaltsstoffe Gerb- und Schleimstoffe, Saponine, Flavonoide, Lysin.

→ HEILWIRKUNGEN In der Pflanzenmedizin spielt der Wundklee keine Rolle. In der Volksheilkunde wird er aber genutzt: Bei kleinen oder schlecht heilenden Schürfwunden nimmt man das frische Kraut zerdrückt als Wundpflaster, bei Mund- und Rachenentzündungen gurgelt man mit dem Blütentee.

ROT BLÜHENDE HEILPFLANZEN schneller bestimmen

Die Pflanze, die du bestimmen möchtest, hat eine rote Blüte. Wie gehst du nun weiter vor?

↓

Zähle die Blütenblätter.

↓

Dann blätterst du zu der Seite, ab der die Arten mit der entsprechenden Anzahl von Blütenblättern vorgestellt werden.

AB SEITE 72

Bis 4 Blütenblätter

Sauerampfer-Bestände fallen in der Wiese schon von Weitem auf. Ihre lockeren Blütenstände aus rötlichen Einzelblüten sind nicht zu übersehen. Die Einzelblüten selbst sind winzig, Kelch- und Kronblätter sind gleich gestaltet.

→ Ähnlich verhält es sich beim Großen Wiesenknopf. Auch hier wird man die Pflanze eher an den braunroten eiförmigen Blütenständen erkennen. Sie sind unverwechselbar. Und auch hier haben die winzigen Einzelblüten eine Besonderheit: Sie besitzen nur 4 Kelchblätter, Kronblätter fehlen.

AB SEITE 76

5 Blütenblätter

In dieser Gruppe finden sich Arten wie die Wegmalve mit ihren auffälligen Blüten und den leicht zählbaren 5 Blütenblättern.

⟶ Hier sind aber auch Pflanzen wie der Beinwell vertreten, dessen Blütenblätter verwachsen sind, eine glocken- oder röhrenförmige Blütenkrone bilden und in 5 kleinen Kronlappen enden. Zusätzliches Erkennungszeichen hier: Aus den Blüten ragt ein Griffel heraus.

AB SEITE 86

Mehr als 5 Blütenblätter

Hier sind Arten wie der Blutweiderich einsortiert: Seine großen Einzelblüten besitzen deutlich sichtbare 6 Kronblätter und 12 Staubblätter.

⟶ Hierher gehören außerdem auch Korbblütler wie die Mariendistel, deren Blütenköpfe nur aus purpurnen Röhrenblüten bestehen. Ähnlich verhält es sich mit der Große Klette. Auch sie ist ein Korbblütler und auch ihre kugeligen Blütenköpfe bestehen nur aus Röhrenblüten.

AB SEITE 92

Zweiseitig-symmetrische Blüten

Alle Pflanzen, deren Blüten nicht kreisrund sind und die nicht mehrere Symmetrieachsen haben, findest du in in dieser Gruppe. Ihre Blüten haben nur eine Symmetrieachse, die sie in 2 spiegelbildliche Hälften teilt.

⟶ Solche Blüten haben beispielsweise Dost und Quendel, aber auch der Rotklee.

Blätter aus 4-7 Teilblättchenpaaren, winzigen Nebenblättchen und 1 Endblatt →

Großer Wiesenknopf

Sanguisorba officinalis

Wuchshöhe 30–100 cm
Blütezeit Juni–September
Lebensraum Feuchte Wiesen, Gräben und Ufer, Gärten.
Verwendbare Pflanzenteile Blätter, Blüten, Wurzel.
Ernte Blätter und Blüten zur Blütezeit, die Wurzel im Frühjahr oder Herbst.
Wichtige Wirkstoffe Gerbstoffe, Flavonoide, Vitamin C, Saponine, Tannine.

→ HEILWIRKUNGEN Bekannt ist die Pflanze als „Blutstillerin“. Verantwortlich dafür sind Gerbstoffe in Kraut und Wurzel, die in Tee oder Tinktur ihre Wirkung entfalten. Sie ziehen Haut und Gewebe an Wundrändern zusammen und stillen Blutungen, verhindern Entzündungen und fördern die Heilung. Bei Entzündungen in Mund, Hals und Rachen hilft der Tee als Gurgelwasser. Deshalb ist die Pflanze auch in einigen Zahncremes und Mundspülungen enthalten.

Einzelblüte aus 4 Kelch- und 4 Kronblättern, die alle gleich aussehen →

Besenheide · Heidekraut

Calluna vulgaris

Wuchshöhe Reich verzweigter Kleinstrauch, 10–50 cm
Blütezeit August–Oktober
Lebensraum Zwergstrauchheiden, helle Kiefernwälder; landschaftsprägend z. B. in der Lüneburger Heide, auf nährstoffarmen, sandigen Böden.
Verwendbare Pflanzenteile Getrocknete blühende Spitzen junger Zweige.
Ernte August–September
Wichtige Wirkstoffe Gerbstoffe, Kieselsäure, ätherisches Öl, Arbutin, Flavonoide.

→ **HEILWIRKUNGEN** **Als Heilpflanze ist das Heidekraut etwas in Vergessenheit geraten. Dabei ist es vielseitig. Es wirkt blutreinigend, harntreibend und entzündungshemmend. Meist kommen die Blüten als Tee bei Infektionen der Harnwege zum Einsatz. Außerdem fördert dieser Tee den Schlaf.**

Essbar, in größeren Mengen aber schädlich: die pfeilförmigen Blätter →

Großer Sauerampfer

Rumex acetosa

Wuchshöhe 30–100 cm
Blütezeit Mai–August
Lebensraum Nährstoffreiche, leicht feuchte Wiesen, Ufer.
Verwendbare Pflanzenteile Junge Blätter.
Ernte Kurz vor der Blütezeit.
Wichtige Wirkstoffe Reichlich Vitamin C und Mineralstoffe, aber auch viel Oxalsäure und Kaliumoxalat. Wegen der Oxalsäure sollte man Sauerampfer nur in Maßen genießen. Bei Nierenerkrankungen besser ganz darauf verzichten.

→ HEILWIRKUNGEN Sauerampfer liefert Vitamin C und Mineralstoffe, reinigt das Blut und entwässert den Körper. Er stärkt die Abwehr und wirkt entschlackend. Traditionell wird er zur Blutreinigung im Rahmen einer Frühjahrskur eingesetzt – frisch oder roh im Salat, als Frischsaft oder als Tee (1 TL des frischen Krauts für 1 Tasse Wasser, überbrühen, 5 Min. ziehen lassen).

Früchte der Bärentraube: nicht kugelrund, wirken eher eingedrückt kugelig →

Preiselbeere

Vaccinium vitis-idaea

Wuchshöhe Immergrüner Zwergstrauch, 10–30 cm
Blütezeit Mai–Juli
Lebensraum Kiefernwälder, Heiden, Moore.
Verwendbare Pflanzenteile Blätter, Früchte.
Ernte Früchte: September–Oktober, Blätter: April–Mai.
Wichtige Wirkstoffe Gerbstoffe, Arbutin, Pektine, reich an Kalium und Vitamin C.

→ HEILWIRKUNGEN Die Inhaltsstoffe der Preiselbeerblätter wirken harntreibend, entzündungshemmend und blutreinigend. Wichtige Anwendungsgebiete sind Infektionen der Harnwege, v. a. Blasenentzündungen. Ein Tee aus den Blättern hilft auch bei Durchfall und Blähungen, außerdem als Gurgelmittel bei Entzündungen in Mund und Rachen. Die kleinen roten Früchte bewähren sich als winterliche Vitamin-C-Quelle und helfen wie die Blätter bei Entzündungen der Harnwege, etwa in Form eines Safts.

Korallenrote längliche Früchte: die Hagebutten

Hundsrose

Rosa canina

Wuchshöhe Sommergrüner Strauch mit stacheligen Zweigen, 1–3 m
Blütezeit Juni
Lebensraum Hecken und Gebüsche, Waldränder.
Verwendbare Pflanzenteile Arzneilich werden die Früchte, die Hagebutten, verwendet.
Ernte September–November
Wichtige Wirkstoffe Hagebutten enthalten mehr Vitamin C als Zitrusfrüchte, außerdem die Vitamine A, B1, B2, E und K sowie Fruchtsäuren und Mineralstoffe wie Eisen und Magnesium.

→ HEILWIRKUNGEN Rosensträucher wuchsen früher in jedem Klostergarten, denn Rosen wurden als Heilmittel hoch geschätzt. Nicht zu Unrecht: Mit ihrem hohen Vitamin-C-Gehalt stärken Ha-

↑ Hagebutten ergeben einen zart nach Vanille schmeckenden Tee

↑ Hagebuttenmus wird am besten mit den Kernen gekocht und dann passiert

gebutten die körpereigenen Abwehrkräfte und beugen so Erkältungen vor. Neueren Untersuchungen zufolge wirkt Hagebuttenpulver schmerzlindernd und entzündungshemmend bei Gelenkrheuma und verbessert die Beweglichkeit. Aus den Hagebuttenkernen wird ein wertvolles Öl gepresst, das trockene, rissige Haut sanft pflegt und regeneriert. Es fördert die Zellerneuerung, mindert Faltenbildung und beeinflusst die Narbenheilung positiv, beispielsweise bei Aknenarben. Der sogenannte „Kernlestee" aus den kleinen Hagebuttensamen unterstützt die Arbeit der Nieren und wirkt mild harntreibend.

→ GESUND MIT HAGEBUTTEN Hagebuttenmus ist ein bewährtes Hausmittel bei Appetitlosigkeit. Dafür kocht man gut ausgereifte Hagebutten mit reichlich Wasser und streicht den weichen Fruchtbrei durch ein Sieb, um die Kerne zu entfernen.

Blätter rundlich, sehr lang gestielt, am Rand gekerbt →

Wegmalve

Malva neglecta

Wuchshöhe 15–40 cm
Blütezeit Juni–September
Lebensraum Wächst an Wegen und Ackerrändern, an Mauern, auf Schuttplätzen, in Gärten und Weinbergen.
Verwendbare Pflanzenteile Arzneilich v. a. Blätter und Blüten.
Ernte Blätter und Blüten: Juni–September. Unmittelbar nach der Ernte im luftigen Schatten trocknen.
Wichtige Wirkstoffe Reichlich Schleimstoffe, etwas Gerbstoffe und ätherische Öle.

→ HEILWIRKUNGEN Wegmalve und die etwas größere Wilde Malve (Malva sylvestris) sind in ihrer Wirkung vergleichbar. Beide enthalten viele Schleimstoffe, die sich wie ein Schutzfilm auf gereizte Schleimhäute legen. Malventee, hauptsächlich aus getrockneten Blüten zubereitet, wirkt beruhigend und heilend bei Husten, Heiserkeit und Halsentzündungen.

Blattoberseite mit rundlichen weißlichen Flecken →

Echtes Lungenkraut

Pulmonaria officinalis

Wuchshöhe 10–40 cm
Blütezeit März–Mai
Lebensraum Krautreiche Laub- und Mischwälder, Waldränder.
Verwendbare Pflanzenteile Blüten, Blätter, frisch und getrocknet.
Ernte Februar–Juni
Wichtige Wirkstoffe Schleimstoffe, Gerbstoffe, Kieselsäure, Flavonoide.

→ HEILWIRKUNGEN **Weil seine hell gefleckten Blätter etwas dem Lungengewebe ähneln, glaubte man gemäß der alten Signaturenlehre Lungenkraut würde bei Lungenkrankheiten wie Tuberkulose helfen. In der modernen Medizin ist seine Wirkung diesbezüglich umstritten. Aber mit dem hohen Gehalt an Schleimstoffen und Kieselsäure kommt es volksmedizinisch bei trockenem Husten und Bronchitis sowie als Tee zum Gurgeln bei Entzündungen in Mund und Rachen zum Einsatz.**

Ergibt klein geschnitten einen würzigen Nerventee: die Wurzel →

Arznei-Baldrian

Valeriana officinalis

Wuchshöhe 60–180 cm
Blütezeit Juni–August
Lebensraum Die Pflanze mag feuchte Böden, wächst auf feuchten Wiesen, an Ufern von Bächen und Gräben, an feuchten Waldwegen.
Verwendbare Pflanzenteile Arzneilich werden v. a. die getrockneten Wurzeln verwendet. Doch auch die Blüten enthalten heilkräftige Wirkstoffe, wenngleich in abgeschwächter Form.
Ernte Die Wurzeln können ab September gegraben werden.
Wichtige Wirkstoffe Ätherische Öle, Pflanzensäuren, Schleim- und Gerbstoffe und Valerensäuren. Letzteren verdankt die Pflanze ihre beruhigende Wirkung.

→ **HEILWIRKUNGEN** **Die Geschichte des Baldrians als geschätzte Heilpflanze lässt sich bis ins Altertum zurückverfolgen.**

↑ Baldrianwurzel-Tinktur

↑ Baldrian-Blütenwasser lindert Nervosität

Und auch heute ist Baldrian die Pflanze der Wahl bei der Behandlung von Stress, bei nervöser Erschöpfung, geistiger Überanstrengung und damit verbundenen Schlafstörungen. Ein Schlafmittel im engeren Sinn ist er jedoch nicht. Er wirkt beruhigend und ausgleichend und hilft uns, die Dinge mit Konzentration, Ruhe und Gelassenheit anzugehen. Aber müde macht er nicht.

→ GESUND MIT BALDRIAN **Einen würzigen Nerventee kann man aus Blüten oder Wurzelstückchen zubereiten. Entweder man nimmt 1 TL getrocknete Blüten oder 1 TLzerkleinerte getrocknete Wurzelstückchen, übergießt sie mit heißem, nicht mehr kochendem Wasser, lässt das Ganze abgedeckt etwa 10 Min. ziehen und gießt dann ab. In kleinen Schlucken getrunken lässt dich ein solcher Tee entspannt in den Schlaf finden.**

Tausendgüldenkraut: auch Grundlage für Bitterschnäpse →

Echtes Tausendgüldenkraut

Centaurium erythraea

Wuchshöhe 10–40 cm
Blütezeit Juli–September
Lebensraum Waldränder Gebüsche, Trockenrasen. Bei uns selten, steht unter Naturschutz. Für den arzneilichen Gebrauch Importe aus Jugoslawien, Ungarn und Bulgarien.
Verwendbare Pflanzenteile Stängel, Blätter und Blüten.
Ernte Juni–August
Wichtige Wirkstoffe Hoher Gehalt an Bitterstoffen, daneben kleine Mengen an Flavonoiden.

HEILWIRKUNGEN Mit ihrem hohen Gehalt an Bitterstoffen gilt die Pflanze als Allheilmittel für alle Beschwerden, die mit einer kraftlosen Verdauung einhergehen. Sie stärkt Magen und Darm, hilft die Nahrung besser aufzuschließen und Verstopfung zu normalisieren. Sie mildert auch Heißhunger auf Süßes. Wer den bitteren Tee nicht mag, greift auf Fertigpräparate aus der Apotheke zurück.

Am meisten Allantoin enthält die Wurzel im zeitigen Frühjahr →

Beinwell

Symphytum officinale

Wuchshöhe 30–100 cm
Blütezeit Mai–Juli
Lebensraum Sumpfwiesen, Gräben, Bachufer.
Verwendbare Pflanzenteile Vor allem die Wurzel.
Ernte Zeitiges Frühjahr oder Herbst.
Wichtige Wirkstoffe Allantoin, Schleim- und Gerbstoffe, Pyrrolizidinalkaloide.

→ HEILWIRKUNGEN Schon im Altertum nutzte man Beinwell bei Prellungen, Zerrungen, Blutergüssen, Verstauchungen oder Quetschungen. Da Beinwell aber auch Pyrrolizidinalkaloide (PA) enthält, die leberschädlich sind, sollte man auf eine Selbstmedikation verzichten. Arzneilich empfiehlt man heute Fertigpräparate wie Salben oder Umschläge mit einem aus der Wurzel gekochten Sud nur bei unverletzter Haut. Für eine innere Anwendung eignet sich Beinwell wegen seiner toxischen Wirkung nicht.

Blüten: kugelig bis glockig, weinrot, sitzen einzeln in den oberen Blattachseln →

Heidelbeere · Blaubeere

Vaccinium myrtillus

Wuchshöhe Zwergstrauch, 15–50 cm
Blütezeit Mai–Juni
Lebensraum Nadelwälder, Heiden.
Verwendbare Pflanzenteile Blätter, Früchte.
Ernte Blätter: April–Mai; Früchte: August–September, wenn sie blauschwarz und reif sind und nicht mehr mit der bei Reife rotfrüchtigen Preiselbeere oder der giftigen Rauschbeere im gleichen Lebensraum verwechselt werden können.
Wichtige Wirkstoffe Frische Heidelbeeren enthalten Pektin und Fruchtsäuren. Sie sind reich an Vitamin C und Mineralstoffen wie Magnesium, Kalium und Kalzium. Ferner enthalten sie die wertvollen Anthocyane und Flavonoide sowie Eisen, Selen, Zink und Phosphor. Getrocknet weisen sie einen hohen Gerbstoffgehalt auf. Heidelbeerblätter enthalten Gerbstoffe und Flavonoide.

↑ Die giftige Rauschbeere: Fruchtfleisch farblos, Stängel rund, Blätter ganzrandig

↑ Heidelbeeren: ergeben getrocknet einen aromatischen Frühstückstee

---

→ HEILWIRKUNGEN **„Wenn die Heidelbeeren reifen, kann jeder Arzt beruhigt in die Ferien fahren", sagt ein Sprichwort und verweist damit auf die vielen Heilwirkungen, die der Pflanze zugeschrieben werden. Wissenschaftliche Studien belegen, dass Heidelbeeren einen hohen Gehalt an Anthocyanen besitzen. Das sind dunkle Pflanzenfarbstoffe, die das Immunsystem, die Blutbildung und das nächtliche Sehvermögen unterstützen. Getrocknete Heidelbeeren haben mit ihrem hohen Gerbstoffgehalt eine heilende Wirkung bei Durchfällen, frische Früchte dagegen regen eher die Darmtätigkeit an, wirken also abführend.**

→ GESUND MIT HEIDELBEEREN **Rohes Heidelbeermus aus frischen Heidelbeeren und Zucker, im Mixer püriert, schmeckt köstlich und ist gesund für Augen, Zellen und Blutgefäße. Wichtig: Vor dem Verarbeiten gründlich waschen.**

Blattstellung: entweder gegenständig oder zu dritt in Quirlen →

Blutweiderich

Lythrum salicaria

Wuchshöhe 50–150 cm
Blütezeit Juli–August
Lebensraum Feuchte nährstoffreiche Böden, nasse Wiesen, an Gräben und Ufern von Teichen und Bächen.
Verwendbare Pflanzenteile Getrocknete Blätter und Blüten.
Ernte Zur Blütezeit Blätter und Blüten, am besten an sonnigen Vormittagen.
Wichtige Wirkstoffe Reichlich Gerbstoffe, Flavonoide, Harz und wenig ätherisches Öl.

→ HEILWIRKUNGEN In der modernen Medizin spielt die Pflanze kaum eine Rolle, trotz ihres besonders hohen Gerbstoffgehalts. Volksmedizinisch wird Blutweiderich als Tee gegen Durchfall und bei entzündlichen Erkrankungen der Magen- und Darmschleimhaut empfohlen. Bei juckenden Ekzemen und schlecht heilenden Wunden eignen sich mit dem Tee getränkte Kompressen als Auflage.

Klettenwurzeltee: äußerlich und innerlich bei Hautkrankheiten →

Große Klette

Arctium lappa

Wuchshöhe 60–160 cm
Blütezeit Juli–September
Lebensraum Wegränder, Brachland.
Verwendbare Pflanzenteile Getrocknete Wurzel.
Ernte Die bis zu 1 m lange Pfahlwurzel ab November.
Wichtige Wirkstoffe Schleimstoffe, Bitterstoffe, ätherisches Öl und verschiedene Substanzen, die das Wachstum von Bakterien und Pilzen hemmen.

→ HEILWIRKUNGEN Die Große Klette aktiviert die Nieren, wirkt harn- und schweißtreibend, blutreinigend und trägt zur Entgiftung des Körpers bei. Auch bei Hautkrankheiten wird sie eingesetzt. Klettenwurzelöl hilft bei trockenen, schuppenden Erkrankungen von Haut und Kopfhaut. Volksmedizinisch bekannt ist der Einsatz bei Schuppen und Haarausfall. Zudem senkt die Klette nachweislich den Blutzuckerspiegel.

Die Samen: das eigentlich Wertvolle an der Mariendistel →

Mariendistel

Silybium marianum

Wuchshöhe 60–150 cm
Blütezeit Juni–August
Lebensraum Heilpflanze aus dem Mittelmeergebiet, wächst verwildert auch auf Ödland in warmen Lagen.
Verwendbare Pflanzenteile Für medizinische Zwecke: Samen.
Ernte August–September
Wichtige Wirkstoffe Neben Bitterstoffen und ätherischem Öl auch einen Silymarin genannten Wirkstoff, ein Gemisch aus drei Flavonoiden, den man nur in standardisierten Mariendistelextrakten nutzt. Teezubereitungen aus den Samen bleiben weitgehend wirkungslos, die relevanten Inhaltsstoffe lösen sich kaum in Wasser.

→ HEILWIRKUNGEN Die Wirkstoffkombination Silymarin in den Samen stärkt, schützt und entgiftet die Leber. Wer nachts

↑ Mariendisteltee: bei leichten Leberbeschwerden eine halbe Stunde vor den Mahlzeiten eine Tasse trinken

---

zwischen 1 und 3 Uhr aufwacht, der „Leberfunktionszeit", könnte von Mariendistel profitieren. Diese Pflanze hilft bei allen Erkrankungen der Leber: Sie stabilisiert die Zellmembran und hemmt die Aufnahme von Toxinen in die Leberzellen, seien es Alkohol, Arzneimittel oder Umweltgifte. Weiter hilft sie vorgeschädigten Leberzellen, beispielsweise bei Leberzirrhose oder Fettleber, zu regenerieren und auszuheilen. Und schließlich hindert sie als Radikalfänger freie Radikale an der Zerstörung weiterer Zellstrukturen.

→ GESUND MIT MARIENDISTEL **Die Samen der Mariendistel kann man auch einfach als Mittel zur Vorbeugung und Pflege der Leber essen. Man kann sie fein gemörsert über Salate oder Müsli streuen oder in Joghurt genießen. Sie eignen ich auch frisch gemörsert für die Zubereitung eines Pestos.**

Roter Sonnenhut: war in Europa lange Zeit nur als Gartenzierpflanze bekannt →

Roter Sonnenhut

Echinacea purpurea

Wuchshöhe 60–160 cm
Blütezeit Juli–September
Lebensraum Heimat: Nordamerika, wird in Mitteleuropa zu medizinischen Zwecken angebaut.
Verwendbare Pflanzenteile Blühendes Kraut (Blätter, Blüten) und Wurzel.
Ernte Das Kraut im Juli, die Wurzel im Frühling oder Herbst. Achtung: Die Inhaltsstoffe des Sonnenhuts werden beim Trocknen unwirksam, deshalb wird die Pflanze direkt nach der Ernte frisch verarbeitet.
Wichtige Wirkstoffe Polysaccharide, Alkylamide, ätherisches Öl, Flavonoide.

→ **HEILWIRKUNGEN** **Immer wenn das Immunsystem schwächelt, kommt der Sonnenhut zum Einsatz, die wohl bekannteste**

↑ Sonnenhuttee zur Förderung des Immunsystems

↑ Abwehrstärkende Sonnenhuttinktur

Heilpflanze im Hinblick auf die Stärkung der Immunabwehr. Auch als Echinacea bekannt, ist sie bei der Vorbeugung von Erkältungskrankheiten nicht mehr wegzudenken. Aber die Pflanze kann noch mehr: Äußerlich angewendet beschleunigt sie mit ihrer antibakteriellen Wirkung den Wundheilungsprozess. Auch bei Schuppenflechte oder Sonnenbrand wird sie erfolgreich eingesetzt. Auf dem Markt gibt es eine ganze Reihe von Echinacea-Präparaten, aber man kann auch selbst ein Heilmittel herstellen.

→ GESUND MIT SONNENHUT **Aus den Blüten des Roten Sonnenhutes und einem flüssigen Honig, z. B. Akazienblütenhonig, kann man einen schmackhaften und heilkräftigen Honig zum Süßen von Tee herstellen. Man übergießt die klein geschnittenen Blüten in einem Glas mit dem Honig, lässt das Ganze etwa 4 Wochen durchziehen und gießt dann ab. Fertig ist ein Honig für Erkältungszeiten.**

Blütenköpfchen: getrocknet das ganze Jahr für einen gesunden Tee nutzbar →

Rotklee

Trifolium pratense

Wuchshöhe 15–45 cm
Blütezeit Mai–September
Lebensraum Wiesen, Feld-, Weg- und Straßenränder. Wird auch als Futterpflanze und zur Bodenverbesserung angebaut.
Verwendbare Pflanzenteile Blätter und Blütenköpfe.
Ernte Blüten und Blätter: Mai–September.
Wichtige Wirkstoffe Gerbstoffe, ätherisches Öl, Isoflavone.

→ HEILWIRKUNGEN Volksmedizinisch nutzt man Rotkleetee bei Husten und zur Blutreinigung. Relativ neu ist sein Einsatz bei Wechseljahresbeschwerden. Die Pflanze enthält Isoflavone, pflanzliche Substanzen, die im Körper wie Östrogene wirken und deswegen auch als Phytoöstrogene bekannt sind. Sie gleichen unseren Hormonspiegel aus, unterstützen damit die Linderung von Hitzewallungen und sorgen für mehr inneres Gleichgewicht. Angewendet wird die Pflanze als Tee, Tinktur oder Salbe.

Passen klein geschnitten auch in einen Salat: die pfeffrig schmeckenden Blätter →

Kapuzinerkresse

Tropaeolum majus

Wuchshöhe Stängel niederliegend oder kletternd, bis 3 m lang
Blütezeit Juni–Oktober
Lebensraum Heimat Peru, kam als Zierpflanze nach Europa und wurde später in Klostergärten als Heilpflanze angebaut.
Verwendbare Pflanzenteile Blätter und Blüten.
Ernte Juni–Oktober
Wichtige Wirkstoffe Senfölglykoside, viel Vitamin C, Flavonoide, Mineralstoffe.

→ HEILWIRKUNGEN Als „pflanzliches Antibiotikum, das die natürliche Darmflora erhält" und als „Penicillinersatz mit Breitbandwirkung" gilt die Kapuzinerkresse, Arzneipflanze des Jahres 2013. Ihr hoher Vitamin-C-Gehalt und die Senfölglykoside regen das körpereigene Abwehrsystem an und hemmen das Wachstum von Bakterien, Viren und Pilzen. Zu empfehlen sind Fertigpräparate bei Entzündungen der Harnwege, bei Bronchitis und bei Grippe.

Guter Hustensaft: Thymian-Oxymel, ein Mix aus Thymian, Honig und Apfelessig →

Arznei-Thymian · Quendel

Thymus pulegioides

Wuchshöhe Stängel kriecht über den Boden, 5–20 cm lang
Blütezeit Juni–September
Lebensraum Nährstoffarme, sandige, steinige Standorte und trockene, sonnige Wiesen.
Verwendbare Pflanzenteile Blüten, Blätter und Stängel.
Ernte Juni–September
Wichtige Wirkstoffe Ätherische Öle, Hauptwirkstoffe Thymol und Carvacrol, Gerb- und Bitterstoffe, Flavonoide.

→ HEILWIRKUNGEN In der Volksheilkunde wird Wilder Thymian genauso verwendet wie Echter Thymian. Er enthält zwar etwas weniger ätherisches Öl, ist aber trotzdem hilfreich bei Erkältungen. Seine Inhaltsstoffe wirken schleimlösend und entkrampfend auf die Bronchien, bekämpfen Bakterien, Viren und Pilze. Angewendet wird er als Tee, Tinktur, Oxymel oder Honig. Alte Kräuterkundige setzen Thymiantee auch zur allgemeinen Stärkung ein.

Hilft auch bei Husten: ein Tee aus dem Kraut →

Echter Dost

Origanum vulgare

Wuchshöhe 20–60 cm
Blütezeit Juli–September
Lebensraum Trockene Wiesen, sonnige Böschungen, Gebüsch.
Verwendbare Pflanzenteile Alle krautigen Teile.
Ernte Juni–September
Wichtige Wirkstoffe Ätherische Öle wie Thymol und Carvacrol, Bitter- und Gerbstoffe.

→ HEILWIRKUNGEN Früher hat man Dost v. a. in Form von Tee bei Verdauungsbeschwerden volksmedizinisch genutzt. Sein ätherisches Öl sowie die Gerb- und Bitterstoffe wirken krampflösend, verhindern Blähungen und helfen bei Durchfall. Obwohl Dost und seine Inhaltsstoffe in verschiedenen Fertigarzneimitteln im Handel erhältlich sind, ist sein klassisches Einsatzgebiet heute die Kräuterküche. Doch auch als Würzkraut für Pizza oder Nudel- und Fleischgerichte entfaltet er seine positiven Wirkungen auf die Verdauungsorgane.

Minz-Öl wirkt innerlich und äußerlich erfrischend und belebend →

Pfefferminze

Mentha x piperita

Wuchshöhe 30–70 cm
Blütezeit Juni–August
Lebensraum Entstand aus einer Kreuzung zweier heimischer Arten, der Grünen Minze (M. spicata) und der Wasserminze (M. aquatica). Nur aus Anbau bekannt.
Verwendbare Pflanzenteile Getrocknete Blätter, blühende Zweigspitzen.
Ernte Kurz vor dem vollständigen Erblühen: Juni–August.
Wichtige Wirkstoffe Das ätherische Öl Menthol, daneben Flavonoide sowie Gerb- und Bitterstoffe. Vorsicht: Säuglinge und Kleinkinder vertragen kein Menthol.

→ HEILWIRKUNGEN Diese alte Heilpflanze ist v. a. als Heiltee mit beruhigender Wirkung auf Magen, Darm und Psyche bekannt. Sie hilft aber nicht nur bei Verdauungsproblemen. Auch bei Kopfschmerzen und Erkältungen leistet sie gute Dienste.

Macht das Herzgespann unverwechselbar: der lange Blütenstand →

Echtes Herzgespann

Leonurus cardiaca

Wuchshöhe 30–100 cm
Blütezeit Juni–September
Lebensraum Stickstoffreiche Böden, Ödland, oft in Ruinengelände, auch an Wegrändern und Hecken.
Verwendbare Pflanzenteile Das zur Blütezeit gesammelte Kraut.
Ernte Blätter und Blütentriebe zur Hauptblütezeit, selbstverständlich nur aus Anbau. Die Pflanze ist selten und geschützt. Unmittelbar nach der Ernte wird sie zu Sträußen gebunden und getrocknet.
Wichtige Wirkstoffe Herzwirksame Glykoside, Gerbstoffe, Bitterstoffe, Flavonoide, ätherisches Öl.

→ HEILWIRKUNGEN Die Inhaltsstoffe wirken krampflösend, blutdrucksenkend und beruhigend. Herzgespann wird verordnet bei nervösen Herzbeschwerden, Angstzuständen, übermäßiger nervlicher Anspannung und damit verbundener Schlaflosigkeit.

BLAU BLÜHENDE HEILPFLANZEN schneller bestimmen

Die Pflanze, die du bestimmen möchtest, hat eine blaue Blüte. Wie gehst du nun weiter vor?

↓

Zähle die Blütenblätter.

↓

Dann blätterst du zu der Seite, ab der die Arten mit der entsprechenden Anzahl von Blütenblättern vorgestellt werden.

AB SEITE 100

Bis 4 Blütenblätter

Blau blühende Heilpflanzen mit höchstens 4 Kronblättern gibt es nicht so viele. Im Buch sind in dieser Gruppe nur 2 Arten vertreten: der Echte Ehrenpreis und die Wilde Karde.

⟶ Beide haben 4 Kronblätter, bei der Karde sind sie röhrenförmig verwachsen, beim Ehrenpreis ausgebreitet. Und: Ehrenpreisblüten tragen ungleich große Kronblätter, das oberste ist etwas größer, das unterste schmaler als die beiden seitlichen.

AB SEITE 102

5 Blütenblätter

Auch diese Kategorie ist im Buch mit nur 2 Arten vertreten, dem Borretsch und dem Echten Lein.
⟶ Die Blüten beider Arten zeichnen sich durch 5 sternförmig ausgebreitete Kronblätter aus.

AB SEITE 104

Mehr als 5 Blütenblätter

Zwei Heilpflanzen aus der Familie der Korbblütler vertreten in diesem Buch diese Blütenform, die Wegwarte und die Kornblume.
⟶ In den Blütenköpfen der Korbblütler stehen dicht gedrängt viele Einzelblüten, Zungenblüten oder Röhrenblüten oder eine Kombination aus beiden.
⟶ Während die Blütenköpfe der Wegwarte nur aus Zungenblüten bestehen, sind die der Kornblume nur mit Röhrenblüten gefüllt.

AB SEITE 106

Zweiseitig-symmetrische Blüten

Pflanzen mit zweiseitig-symmetrischen Blüten gehören oft zur Familie der Lippenblütler, auch die meisten der hier im Buch vertretenen Arten wie Lavendel, Salbei, Gundermann oder Rosmarin.
⟶ Ihre Blütenblätter bilden eine charakteristische Oberlippe und eine meist dreiteilige Unterlippe aus. Neben dieser speziellen Blütensymmetrie sind für diese Pflanzen ein kantiger Stängel sowie gegenständige Blätter typisch.

Kardenwurzel wird, zerkleinert und in Alkohol eingelegt, als Tinktur genutzt →

Wilde Karde

Dipsacus fullonum

Wuchshöhe 80–200 cm
Blütezeit Juli–August
Lebensraum Straßenböschungen, Ödflächen.
Verwendbare Pflanzenteile Wurzel für Tee oder Tinktur.
Ernte Die Wurzel wird im Spätherbst ausgegraben und vor der Verarbeitung gereinigt, aber nicht geschält.
Wichtige Wirkstoffe Gerbstoffe, Phenole, Saponine, Bitterstoffe.

→ HEILWIRKUNGEN Die Volksheilkunde kennt Tee oder Tinktur aus der Kardenwurzel. Die Tinktur hat man äußerlich bei oberflächlichen Wunden eingesetzt, den Tee gegen rheumatische Beschwerden und v. a. zur Blutreinigung. Umstritten ist die Wirkung der Tinktur bei der Behandlung von Borreliose nach einem Zeckenbiss. Auch wenn keine aussagekräftigen Beweise für diese Wirksamkeit vorliegen, lassen die Inhaltsstoffe der Karde und Fakten aus der Erfahrungsheilkunde doch positive Rückschlüsse zu.

Zeigt Insekten den Weg ins Blüteninnere: → das Strichmuster auf den Kronblättern

Echter Ehrenpreis

Veronica officinalis

Wuchshöhe 10–20 cm
Blütezeit Mai–August
Lebensraum Wald- und Wegränder, magere Wiesen, Heiden.
Verwendbare Pflanzenteile Blätter, Blüten, Triebe.
Ernte Man sammelt die Pflanzen zur Blütezeit, dann sind sie am wirkungsvollsten. Nach der Ernte werden sie getrocknet.
Wichtige Wirkstoffe Gerb- und Bitterstoffe, Aucubin.

→ HEILWIRKUNGEN „Heil aller Welt" hieß die Pflanze früher und war eine anerkannte Heilpflanze. Heute wird sie nur noch selten und meist zusammen mit anderen Heilpflanzen verwendet, etwa als Bestandteil von Teemischungen und in Fertigarzneimitteln. Zum Einsatz kommt Ehrenpreistee (1 TL getrocknetes Kraut/ Tasse, 10 Min. ziehen lassen) bei Husten und Bronchitis, aber auch bei Magenverstimmungen, Verdauungs- und Leberbeschwerden. Er wirkt anregend, kräftigend und entgiftend.

Sternförmige Blüten, die Staubbeutel bilden einen Kegel in der Blütenmitte →

Borretsch

Borago officinalis

Wuchshöhe 30–60 cm
Blütezeit Mai–September
Lebensraum Heimat: Mittelmeergebiet, in Mitteleuropa als Gewürzpflanze kultiviert.
Verwendbare Pflanzenteile Blüten, junge Blätter.
Ernte Juni–August
Wichtige Wirkstoffe Ätherische Öle, Schleimstoffe, Saponine, Gerbstoffe, Kieselsäure, geringe Mengen Pyrrholizidinalkaloide.

→ HEILWIRKUNGEN Borretsch wirkt mild harn- und schweißtreibend und blutreinigend. Dies macht ihn zu einem geeigneten Mittel bei Hauterkrankungen, rheumatischen Beschwerden, auch bei Grippe oder Bronchitis. Er ist auch in Fertigpräparaten gegen Neurodermitis enthalten. Die Homöopathie nutzt ihn gegen Depressionen. „Ich, der Borretsch, bringe stets Freude" – schon diese Zeilen aus einer altrömischen Schrift verweisen auf seine stimmungsaufhellende Wirkung.

Braune, glänzende Samen: Sie enthalten viele gesunde ungesättigte Fettsäuren →

Echter Lein

Linum usitatissimum

Wuchshöhe 30–100 cm
Blütezeit Juni–Juli
Lebensraum Lein findet man fast ausschließlich als Kulturpflanze auf Feldern, er verwildert nur selten.
Verwendbare Pflanzenteile Die Samen und das kalt gepresste Öl.
Ernte Die voll ausgereiften Samen, meist im September.
Wichtige Wirkstoffe Leinsamen enthalten eine ganze Reihe wichtiger Mineralien, allen voran Magnesium, Eisen, Kalium, Kalzium, Fluor und Jod, daneben Vitamin E, Linolensäure, Eiweiß und Schleimstoffe.

→ HEILWIRKUNGEN Schon sein lateinischer Name „usitatissimum“, d. h. der Allernützlichste, weist auf den vielfältigen Nutzen von Lein hin. Leinsamen bereichern nicht nur Brot und Müsli, sie sind v. a. bekannt als mildes, unschädliches und wirksames Abführmittel. Auch bei Magen- oder Darmschleimhautentzündungen helfen sie.

Wegwarten-Wurzel: Grundlage für magenfreundlichen Zichorienkaffee →

Wegwarte

Cichorium intybus

Wuchshöhe 30–150 cm
Blütezeit Juli–September
Lebensraum Feld- und Straßenränder, Bahndämme, Brachen.
Verwendbare Pflanzenteile Wurzel, Blätter, Blüten.
Ernte Blätter: Juni–September, Blüten: Juli–September, Wurzel: Herbst oder Frühjahr.
Wichtige Wirkstoffe Bitterstoffe, Inulin, Eisen, Kalium, Cumarine, ätherisches Öl.

→ HEILWIRKUNGEN Die Wurzel ist reich an Bitterstoffen. Diese stimulieren als Tee oder Tinktur die Produktion von Magensaft, regen Leber, Galle und Bauchspeicheldrüse an und sorgen dafür, dass die Nahrung leichter verdaut wird. Die Wegwarte ist eine der wenigen Pflanzen, die besonders auch die Milz aktiviert und damit Körper und Gemüt wieder in Schwung bringt. Äußerlich helfen Teeumschläge aus der Wurzel bei geröteten Augen.

Kornblumenblüten: schon im antiken Griechenland als Heilmittel bekannt →

Kornblume

Cyanus segetum

Wuchshöhe 30–60 cm
Blütezeit Juni–September
Lebensraum Getreidefelder, Wegränder, ackernahe Brachen.
Verwendbare Pflanzenteile Blüten.
Ernte Juni–September
Wichtige Wirkstoffe Anthocyane, Bitterstoffe und das Flavon Apigenin, ein sekundärer Pflanzenstoff.

→ HEILWIRKUNGEN Die Kornblume ist das Mittel der Wahl, um Augenentzündungen zu lindern. Ein Aufguss aus den Blüten (1–2 TL pro Tasse, 10 Min. ziehen lassen) hilft bei geschwollenen, stark beanspruchten Augen, bei Reizungen und Rötungen der Lidränder und bei Bindehautentzündung. Auch in Gesichtswassern sind Kornblumenextrakte enthalten. Sie desinfizieren z. B. Akne und beruhigen gereizte Haut. Und man verwendet sie als Haarwasser gegen Schuppen.

Veilchentee: kann kalt auch als Gesichtswasser verwendet werden →

Märzveilchen · Wohlriechendes Veilchen

Viola odorata

Wuchshöhe 3–10 cm
Blütezeit März–April
Lebensraum Laubwälder, Waldränder, Hecken, Gebüsche.
Verwendbare Pflanzenteile Blätter, Blüten, Wurzel.
Ernte Blätter: während der gesamten Lebensdauer der Pflanze, Blüten: März–April, Wurzel: September–März.
Wichtige Wirkstoffe Blätter: Flavonoide, Eugenol, Bitterstoffe, Schleim. Blüten: der blaue Farbstoff Cyamin und ätherisches Öl. Wurzeln: v. a. schleimlösende Saponine.

→ **HEILWIRKUNGEN** **Das Märzveilchen verströmt nicht nur einen angenehmen Duft, der bei Stress ausgleichend wirkt, es enthält auch wirksame Inhaltsstoffe, die Husten und Erkältungen lindern, in erster Linie als Tee aus der frischen Pflanze.**

Ysop hat ein intensives Aroma – deshalb in der Küche nur fein dosiert verwenden

Ysop

Hyssopus officinalis

Wuchshöhe 30–60 cm
Blütezeit Juni–August
Lebensraum Heimat: Mittelmeergebiet, nördlich der Alpen als Heil- und Gewürzpflanze angebaut. Selten verwildert.
Verwendbare Pflanzenteile Blätter und blühende Sprossspitzen.
Ernte Juni–August, zur Blütezeit.
Wichtige Wirkstoffe Ätherisches Öl, Gerbstoffe, Flavonoide, Bitterstoffe.

HEILWIRKUNGEN Als Heilpflanze hat Ysop eine lange Tradition. Bereits im Mittelalter hat man Husten und Magen-Darm-Beschwerden mit ihm behandelt. Auch heute nutzt die Naturheilkunde seine Inhaltsstoffe: Das ätherische Öl wirkt antibakteriell. Die Gerbstoffe haben entzündungshemmende Eigenschaften. Flavonoide unterstützen die körpereigene Abwehr und Bitterstoffe helfen dem Verdauungssystem.

Wegen seines Thujongehalts Salbei nur sparsam verwenden, auch in der Küche →

Echter Salbei

Salvia officinalis

Wuchshöhe 30–70 cm
Blütezeit Mai–Juli
Lebensraum Heimat: Südeuropa. In Mitteleuropa kultiviert.
Verwendbare Pflanzenteile Blätter, frisch oder getrocknet.
Ernte Am besten von Mai–August.
Wichtige Wirkstoffe Ätherisches Öl, dessen Hauptkomponenten Thujon, Kampfer und Cineol sind. Ferner Gerb- und Bitterstoffe sowie Flavone.

→ HEILWIRKUNGEN Bereits sein botanischer Name „Salvia", der sich von „salvare", d. h. heilen, ableitet, lässt die Wirksamkeit des Echten Salbei vermuten. Seine Inhaltsstoffe wirken entzündungshemmend, antibakteriell und krampflösend. Salbeitee lindert Halsentzündungen, Zahnfleischentzündungen sowie Verdauungsbeschwerden. Eine weitere wichtige Eigenschaft: Er hemmt die Schweißbildung und dämmt übermäßiges Schwitzen ein.

Lavendelblüten verbreiten ihren wohltuenden Duft auch in einem Kräuterkissen →

Echter Lavendel

Lavandula angustifolia

Wuchshöhe 20–60 cm
Blütezeit Juli–August
Lebensraum Heimat: Mittelmeerraum, bei uns angebaut.
Verwendbare Pflanzenteile Blüten, frisch oder getrocknet.
Ernte Die Blüten, am besten vor ihrer vollständigen Entfaltung im Juli/August.
Wichtige Wirkstoffe Ätherisches Öl mit den wesentlichen Bestandteilen Linalool und Linalylacetat, ferner Harze, Gerb- und Bitterstoffe, Cumarine.

→ HEILWIRKUNGEN Lavendel hilft bei nervösen Erregungszuständen, Schlaflosigkeit und Migräne. Arzneilich wird häufig ein Aufguss der frischen oder getrockneten Blüten als Beruhigungsmittel empfohlen. In der Aromatherapie hat Lavendelöl einen festen Platz. Es besänftigt, beruhigt und entspannt die Nerven, wirkt ausgleichend und hilft, wieder klare Gedanken zu fassen.

Schmeckt dezent herb-aromatisch und ist gesund: ein Tee aus den Blättern →

Gundermann

Glechoma hederacea

Wuchshöhe 15–40 cm
Blütezeit März–Juni
Lebensraum Feuchte, schattige Standorte, Grünland aller Art, Gärten, Weg-, Wald- und Heckenränder, Ufer.
Verwendbare Pflanzenteile Blätter. Am wirksamsten ist die Pflanze, wenn sie frisch verwendet wird.
Ernte Bei Blühbeginn im März oder April.
Wichtige Wirkstoffe Ätherisches Öl, Gerb- und Bitterstoffe, Vitamin C, Kalium.

→ HEILWIRKUNGEN Kräuterkundige nutzen die entzündungshemmenden, antibakteriellen und schleimlösenden Wirkstoffe des Gundermanns schon lange. Als Tee oder Tinktur hilft die Pflanze bei Magen- und Darmbeschwerden sowie bei Bronchitis und Erkältungskrankheiten. Gundermannöl kann man für die Hautpflege verwenden.

ZWEISEITIG -SYMMETRISCH

Rosmarintee: morgendlicher Muntermacher und guter Fastenbegleiter →

Rosmarin

Salvia rosmarinus

Wuchshöhe Immergrüner Halbstrauch, 50–150 cm
Blütezeit Mai–Juni
Lebensraum Heimat: trockene Strauchheiden des Mittelmeerraums, in Mitteleuropa als Gewürzpflanze angebaut.
Verwendbare Pflanzenteile Blätter.
Ernte Kurz vor, während und nach der Blüte.
Wichtige Wirkstoffe Ätherisches Öl mit Kampfer, Cineol und Borneol, Bitterstoffe, Flavonoide, Mineralstoffe, Vitamine.

→ HEILWIRKUNGEN Rosmarin regt den Kreislauf und damit auch die Hirndurchblutung an – der gesamte Organismus wird aktiviert, das Gedächtnis gestärkt, die Konzentration und die geistige Leistungsfähigkeit gefördert. Genutzt wird er hierfür als Tinktur, Tee oder Wein. Äußerlich angewendet in Form von Bädern, Salben oder Ölen lindert er rheumatische Beschwerden. Auch als verdauungsförderndes Gewürz wird Rosmarin genutzt.

GRÜN ODER BRAUN BLÜHENDE HEILPFLANZEN schneller bestimmen

Die Pflanze, die du bestimmen möchtest, hat eine grünliche oder bräunliche Blüte. Wie gehst du nun weiter vor?

↓

Zähle die Blütenblätter.

↓

Dann blätterst du zu der Seite, ab der die Arten mit der entsprechenden Anzahl von Blütenblättern vorgestellt werden.

AB SEITE 113

Bis 4 Blütenblätter

Die bekannteste Art dieser Gruppe ist die Brennnessel.
→ Brennnesselblüten sind sehr klein, die weiblichen bilden hängende Blütenstände, die männlichen gerade abstehende.

AB SEITE 116

5 und mehr Blütenblätter

Der Wilde Hopfen hat Blüten mit 5 Blütenblättern. Männliche und weibliche Blüten stehen auf verschiedenen Pflanzen. Grünlich-bräunlich blühende Pflanzen mit mehr als 5 Blütenblättern sind eher selten.
→ Der Beifuß ist ein solcher Vertreter, ein Korbblütler, dessen Blütenkörbchen nur aus Röhrenblüten bestehen.

Wegerich-Tinktur: innerlich wie äußerlich anwendbar →

Spitzwegerich

Plantago lanceolata

Wuchshöhe 10–40 cm
Blütezeit Mai–September
Lebensraum Wiesen, Weg- und Straßenränder.
Verwendbare Pflanzenteile Arzneilich die jungen Blätter.
Ernte Die beste Erntezeit ist im Frühling vor der Blüte.
Wichtige Wirkstoffe Aucubin, ein sekundärer Pflanzenstoff aus der Gruppe der Glykoside, der entzündungshemmende und antibakterielle Eigenschaften hat; ferner Gerb- und Schleimstoffe, Flavonoide, Kieselsäure, Vitamine B und C.

→ HEILWIRKUNGEN Der Spitzwegerich, die Arzneipflanze des Jahres 2014, ist eine anerkannte und bewährte Hustenpflanze mit schleimlösender und reizmildernder Wirkung. Die Kombination seiner Wirkstoffe machen Tee, Tinktur, Saft oder Sirup aus den Blättern zum Hustenmittel schlechthin. Der Saft frisch zerquetschter Blätter hilft bei kleinen Verletzungen und Insektenstichen.

Brennnesselsamen: viel pflanzliches Eiweiß, wertvolle ungesättigte Fettsäuren →

Große Brennnessel

Urtica dioica

Wuchshöhe 30–150 cm
Blütezeit Juni–September
Lebensraum Feld-, Wald-, Wegränder, Hecken, Ufer.
Verwendbare Pflanzenteile Arzneilich werden die Blätter, die Samen und die Wurzel verwendet.
Ernte Junge Blätter: März–Juni, Samen: zur Vollreife im August/September, Wurzel: im März oder Oktober.
Wichtige Wirkstoffe Flavonoide, Pflanzensäuren, Vitamine A, C, E, viele Mineralstoffe, in den Brennhaaren Acetylcholin.

→ HEILWIRKUNGEN Im Frühjahr gibt es kaum etwas Besseres als eine Kur mit Brennnesseltee aus frischen Blättern oder Wurzeln. Der Tee regt den Stoffwechsel an, wirkt harntreibend, blutreinigend und entschlackend, er wird eingesetzt bei Rheuma, Gicht und Entzündungen der Harnwege. Die Samen vitalisieren und stärken, sie schmecken im Salat und auf Butterbrot.

Rundlich nierenförmige gelappte Blätter, die Wassertropfen ausscheiden →

Frauenmantel

Alchemilla vulgaris

Wuchshöhe 25–50 cm
Blütezeit Juni–August
Lebensraum Wiesen, Weiden, Gebüsch, Wegränder.
Verwendbare Pflanzenteile Blätter, Blüten und Wurzel.
Ernte Mai–September
Wichtige Wirkstoffe Entzündungshemmende Gerbstoffe, Flavonoide, Spuren von schmerzlindernder Salicylsäure, in der Wurzel Phytohormone.

→ HEILWIRKUNGEN Die Pflanze wird traditionell v. a. in der Frauenheilkunde verwendet, um den Hormonhaushalt auszugleichen. Tee oder Tinktur aus Blättern, Blüten und Wurzel sorgen für einen regelmäßigen Zyklus, entspannen Menstruationskrämpfe und werden auch bei Wechseljahresbeschwerden empfohlen. Den Gerbstoffgehalt der Pflanze nutzt man bei Magenschleimhautentzündungen und Darmstörungen sowie als Wundheilmittel.

Hopfenzapfen in Weißwein: ein bitterer, aber wirksamer Schlaftrunk →

Wilder Hopfen

Humulus lupulus

Wuchshöhe Sommergrüne, rechts windende Kletterpflanze, 2–4 m
Blütezeit Juli–August
Lebensraum Wild in bachbegleitenden Wäldern und Gebüschen, an Auwaldrändern.
Verwendbare Pflanzenteile Die weiblichen Hopfenzapfen.
Ernte Hopfenzapfen im August/September.
Wichtige Wirkstoffe Bitterstoffe wie Lupulon, Humulon, Gerbstoffe, Flavonoide, ätherische Öle, außerdem Mineralstoffe und Phytoöstrogene.

→ HEILWIRKUNGEN Einsatzgebiete sind nervöse Unruhe, Angstzustände und Schlafstörungen. Untersuchungen bestätigen auch eine beruhigende Wirkung bei ADHS, dem Aufmerksamkeitsdefizit-Hyperaktivitäts-Syndrom. Die enthaltenen Phytoöstrogene, Stoffe mit östrogenartiger Wirkung, helfen in Form von Tee oder Tinktur aus den Hopfenzapfen bei Wechseljahresbeschwerden.

Grünlich gelbe Blüten in Trauben, 5 Blütenblätter →

Schwarze Johannisbeere

Ribes nigrum

Wuchshöhe Sommergrüner Strauch, 1–2 m
Blütezeit April–Mai
Lebensraum Auwälder, feuchte Gebüsche, häufig gepflanzt.
Verwendbare Pflanzenteile Blätter und Früchte.
Ernte Früchte: Juli–August, Blätter: Mai–Juni.
Wichtige Wirkstoffe Flavonoide, ätherisches Öl, Anthocyane, Vitamine B und C, Gerbstoffe, Mineralstoffe und Spurenelemente.

→ HEILWIRKUNGEN Die Früchte der Schwarzen Johannisbeere enthalten sehr viel Vitamin C. Bereits eine Handvoll deckt den Tagesbedarf. So wird der Saft aus den Beeren v. a. bei Erkältungen und zur Stärkung des Immunsystems genutzt. Johannisbeerblätter nimmt man zum milden Entwässern und Entschlacken und zur Anregung des Stoffwechsels. Ein Tee aus den Blättern unterstützt die Behandlung von rheumatischen Beschwerden und Gicht.

Mit der Pflanze angesetztes Beifußöl hilft bei müden Füßen →

Beifuß

Artemisia vulgaris

Wuchshöhe 50–180 cm
Blütezeit Juli–September
Lebensraum Weg- und Straßenränder, Böschungen, Brachen.
Verwendbare Pflanzenteile Arzneilich und als Gewürz die oberen 30 cm eines Stängels mit Blättern und Blütenknospen.
Ernte Blätter: April–Mai, Blütenrispen: Juni–September.
Wichtige Wirkstoffe Ätherisches Öl mit Cineol und Thujon, Cumarine, Flavonoide, Gerb- und Bitterstoffe.

→ HEILWIRKUNGEN Seit jeher ist Beifuß bekannt als Gewürz für fette Speisen. Seine Bitterstoffe regen die Verdauungssäfte an, die ätherischen Öle wirken zusätzlich entblähend und antibakteriell. Daher empfiehlt man bei Verdauungsbeschwerden und Appetitlosigkeit einen Aufguss aus dem getrockneten Kraut. Bei Nervosität und Schlafstörungen wirkt Beifußtee entspannend und beruhigend auf das Nervensystem.

Der Bitterstoffgehalt ist zur Vollblüte doppelt so hoch wie zu anderen Zeiten →

Wermut

Artemisia absinthium

Wuchshöhe 30–80 cm
Blütezeit Juni–September
Lebensraum Heimat: Mittelmeerraum. Oft als Gartenflüchtling verwildert an Weg- und Straßenrändern, auf Brachen.
Verwendbare Pflanzenteile Das blühende Kraut.
Ernte Blühende Triebspitzen samt Blättern zur Vollblüte.
Wichtige Wirkstoffe Ätherisches Öl, mit Thujon, Bitterstoffe, unter anderem das Absinthin, Flavonoide.

→ HEILWIRKUNGEN In der mittelalterlichen Medizin war Wermut hochgeschätzt. Hildegard von Bingen, die heilkundige Nonne, empfahl ihn bei Schwächezuständen, Kopfschmerzen und Husten. Der Wermutlikör Absinth war lange Zeit ein Modegetränk in Künstlerkreisen, führte aber bei übermäßigem Genuss zu schweren Gesundheitsschäden. Heute nutzt man den Wermut als Bitterstoffdroge bei Verdauungsbeschwerden mit Blähungen.

Erkältungsmedizin: Maiwipfel-Honig aus den jungen zartgrünen Trieben

Fichte

Picea abies

Wuchshöhe Immergrüner Nadelbaum, 25–50 m
Blütezeit Mai–Juni
Lebensraum Natürliche Standorte in Mittelgebirgs- und Gebirgslagen. In tieferen Lagen aufgeforstet.
Verwendbare Pflanzenteile Arzneilich die jungen Triebe.
Ernte Frühjahr. Beim Sammeln ist Vorsicht geboten. Die hochgiftige Eibe (Taxus baccata) sieht ähnlich aus.
Wichtige Wirkstoffe Ätherisches Öl, Harze, Bitterstoffe.

→ HEILWIRKUNGEN In der Volksmedizin hat die Fichte schon lange einen festen Platz. Fichtennadelextrakte lassen uns bei Erkältungskrankheiten, Husten und Bronchitis besser durchatmen. Wer ein Bad mit Fichtennadelöl nimmt, wird merken, wie schnell das ätherische Öl über die Haut aufgenommen wird und Erleichterung bringt. Das gilt auch bei Muskelschmerzen und rheumatischen Beschwerden.

Typisch: säulenförmiger Wuchs, nur selten breitkronig

Wacholder

Juniperus communis

Wuchshöhe Immergrüner Nadelbaum oder -strauch, 1–3 m
Blütezeit April–Mai
Lebensraum Heiden, helle Nadelwälder, Felsgebüsch.
Verwendbare Pflanzenteile Arzneilich die Wacholderbeeren.
Ernte Oktober–November
Wichtige Wirkstoffe Gerbstoffe, Flavonoide, ätherisches Öl mit Terpineol, Pinen und Citronellol, Harze und Bitterstoffe.

→ HEILWIRKUNGEN Früher war der Wacholder die Hausapotheke schlechthin. Ein Tee aus den Beeren regt Nieren und Verdauung an, reinigt den Körper und stärkt die körpereigenen Abwehrkräfte. Als Badezusatz unterstützen die ätherischen Öle die Behandlung von rheumatischen Erkrankungen. Vorsicht: Wegen der nierenreizenden Wirkung sollte man Wacholder nicht über längere Zeit oder in hoher Dosierung verwenden. Schwangere sollten den Wacholder überhaupt meiden.

Register

Bildnachweis

Fotos von: **Heiko Bellmann/Frank Hecker** (8): 8 groß, 19 groß, 26 groß, 57 beide, 62 groß, 69 klein, 79 groß; **Bildagentur Zoonar GmbH/ Shutterstock.com** (1): 45 klein; **Blickwinkel über Hecker** (7): 17 klein, 40 beide, 66 beide, 87 groß, 106 groß; **Robert Flogaus-Faust** (1): 19 klein; **Guido Gerding** (1): 88 groß; **Frank Hecker** (196): Klappe vorne innen, 8 klein, 9 beide, 10 beide, 11 beide, 12 beide, 13 beide, 14 beide, 15 beide, 16 beide, 18 beide, 20 beide, 21 beide, 22 beide, 23 beide, 24 beide, 25 beide, 26 klein, 27 beide, 28 beide, 29 beide, 30 beide, 31 beide, 32 beide, 33 beide, 34 beide, 35 beide, 36 beide, 37 beide, 38 beide, 39 beide, 41 klein, 44 beide, 45 groß, 46 beide, 47 beide, 48 beide, 49 beide, 50 beide, 51 beide, 52 beide, 53 beide, 54 beide, 55 beide, 56 beide, 58 beide, 59 beide, 60 beide, 61 beide, 62 klein, 63 beide, 64 beide, 65 beide, 67 beide, 68 beide, 69 groß, 72 beide, 73 beide, 74 beide, 75 beide, 76 beide, 77 beide, 78 beide, 79 klein, 80 beide, 81 beide, 82 beide, 83 beide, 84 beide, 85 beide, 86 beide, 87 klein, 90 beide, 91 beide, 92 beide, 93 beide, 94 beide, 95 beide, 96 beide, 97 beide, 100 beide, 101 beide, 102 beide, 103 beide, 104 beide, 105 beide, 106 klein, 107 beide, 108 beide, 109 beide, 110 beide, 111 groß, 113 beide, 114 beide, 115 beide, 116 beide, 117 beide, 118 beide, 119 beide,120 beide, 121 beide, 128, Klappe hinten innen alle 4; **Kicsikapus** (1): 88 klein; **Olivka888/Shutterstock.com** (1): 111 klein; **Maryn Osadcha/ Shutterstock.com** (1): 89; **H. Zell** (2): 17 groß, 41 groß.

Illustrationen: **shutterstock** (3): vordere Umschlagklappe (innen) links und rechts oben, Blume S. 2–4; **Stefanie Wawer** (3): Blumen S. 5; **Sigrid Haag** (3): S. 43M, 71o, 99M) und **Marianne Golte-Bechtle**: alle weiteren 15.

Impressum

Umschlaggestaltung von GRAMISCI Editorial Design (Claudia Geffert), München, unter Verwendung eines Farbfotos von Heiko Bellmann/ Frank Hecker.

Die Illustrationen auf der Umschlagklappe vorne außen stammen aus dem Innenteil.

Mit 219 Farbfotos und 24 Illustrationen.

Gedruckt auf chlorfrei gebleichtem Papier

Pfizerstraße 5–7, 70184 Stuttgart
kosmos.de/servicecenter

ISBN 978-3-440-17683-2
Projektleitung: Claudia Salata
Redaktion und Satz: Barbara Kiesewetter, Redaktionsbüro, München
Produktion: Markus Schärtlein
Gestaltungskonzept: GRAMISCI Editorial Design (Claudia Geffert), München
Druck und Bindung: Westermann Druck, Zwickau
Printed in Germany / Imprimé en Allemagne

NABU
Giftfrei Gärtnern tut gut …
.. Ihnen und der Natur.
Informieren Sie sich hier.
NABU/A. Wolff
Weitere Infos unter www.NABU.de/giftfrei

Gesund mit Heilpflanzen

Seit Jahrhunderten wird die heilende Wirkung von Pflanzen und ihren Inhaltsstoffen genutzt. Viele Anwendungen sind einfach umzusetzen und eignen sich gut für die Hausapotheke. Hier habe ich für dich ein paar einfache Rezepte zusammengestellt, mit denen du dir bei kleinen Zipperlein und Wehwehchen etwas Gutes tun kannst. Wichtig: Sie ersparen nicht den Arztbesuch, wenn es dir nicht gut geht.

KAMILLENTEE

Du brauchst: Pro Tasse ein Sträußchen frische oder 1 EL getrocknete Kamillenblüten
So geht's: Die Blüten mit kochendem Wasser übergießen und 10 Min. ziehen lassen.
Anwendung: Innerlich bei Entzündungen im Mund-Rachen-Raum, Verdauungsbeschwerden. Äußerlich zum Reinigen von Wunden.